台灣喫茶

吳德亮 著·攝影

目次

游正民茶器／吳德亮茶船

第二章 新北都

第三章 桃園都

傳統茶鄉的喫茶風情

第四章 新竹縣．苗栗縣

客家風情美人茶香

第五章 台中都

古蹟、藝術中心與園林共舞茶香

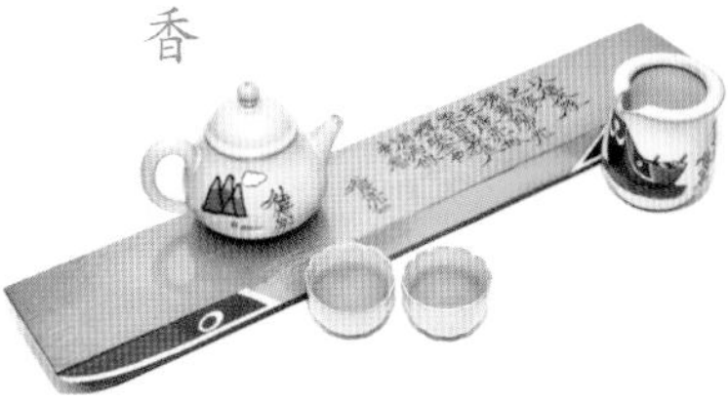

第六章 南投縣・嘉義縣市

產茶大縣尋茶館試茶

葉樺洋茶器作品

第七章 台南都

第八章 高雄都

吳德亮作品／蔡長宏鋦補

第九章
屏東縣
茶文化深耕台灣最南端

翁國珍茶器作品

第十章
大型連鎖茶飲閃耀全球
創造茶品消費的最大贏家

吳孟純茶碗／翁明川茶荷

楔子

台灣茶藝風雲再起

▼本書作者以茶票紙重新詮釋了明代唐寅《事茗圖》。

「日長何所事，茗碗自賫持。料得南窗下，清風滿鬢絲。」這是北京故宮珍藏的《事茗圖》，作者明代大才子唐寅，巧妙的將友人陳事茗的名字嵌入詩中，並做為畫題。以細緻工筆加上柔和的墨色渲染，詳細描繪了明代文人幽居品茗的情境，令人嚮往。

層次分明的畫面上，但見茅舍藏於幽谷松林之中，堂內有人伏案觀書，書僮在一旁煽火煎茶，而橋上正有訪客與僮攜琴前來；背景則以巨石、峰巒、瀑布、飛泉等呈現。透露出明代文人理想化的生活情境，以及追求閒適、真趣、清賞的處事態度。透過畫面，彷彿還能在淡淡茶香中，聽見潺潺水聲與窸窣蟲鳴。這不就是一九七〇年代末期，台灣茶藝館崛起以來，所不斷追求的情境嗎？

打開中國品茗史，六朝以前，茶葉主要為緊壓茶類的團茶或餅茶，不僅製作工藝繁瑣，煮飲也十分費事。至洪武二十四年（一三九一），明太祖朱元璋下詔廢團茶改貢葉茶。不僅徹底顛覆了唐宋以來的茶葉形制，泡茶方式也從研末而飲的唐朝烹茶法、宋代點茶法，演變為直接以沸水沖泡的「瀹茶法」，即今日普遍簡便的「撮泡法」。堪稱品茶方式的一大革命，茶藝也從唐宋時期宮廷或文士的雅尚清玩，普及為全民生活的一部分。

明初社會動亂，後又有宦官亂政等因素，使得許多胸懷大志的文人，不得不寄情山水以避禍，而茶藝正是紓憂排鬱的最佳方式，因此明代茶人多為飽學之士，琴棋書

▼日月潭畔的「橙園」旅店大廳擺設的茶席。

畫尤其精通，其中又以晚明的「吳中四傑」，即唐寅、文徵明、祝允明、仇英四人最為著名。儘管多懷才不遇，卻多才多藝又嗜茶，強調茶席環境以及幽雅氛圍的營造，將品茶、賞器、吟詩、賞畫與聞香等，同時融入生活藝術。

細看吳中四傑的畫作，不時可見茶席的注入，結合飲茶空間的布置、寄性茶居，不僅開創文士茶的風起雲湧，更影響後代茶藝深遠，成了今天兩岸喫茶空間設計的最佳範本。

「笑舞狂歌五十年，花中行樂月中眠」——一四七〇年生於蘇州的唐寅，字伯虎，又字子畏，號六如居士、桃花庵主等，擅長繪畫山水、人物、花鳥，詩詞文學與書法也堪稱一絕，尤其用詩畫為明代文士茶留下了極為珍貴的見證。但生前卻命運多舛，功名僅至解元，即便優異的進士成績也被誣為作弊而蒙受冤獄折磨，直至身後始備受推崇。後人甚至杜撰了《三笑姻緣——唐伯虎點秋香》、《十美圖》等故事，戲稱他為「風流才子」，並屢屢搬上舞台或螢幕，令人啼笑皆非。

西班牙大畫家達利曾於一九五五年以超現實主義的表現手法，重新詮釋了達文西在一四九八年繪製的不朽名畫《最後的晚餐》。達文西以極為細膩的寫實方式，選擇了耶穌用餐時，宣布座中有人出賣，讓眾門徒大為震驚的剎那做為主題呈現。達利卻讓議論紛紛的門徒全部低頭默禱，甚至加上了金色的宗教光環，兩畫相隔四百多年，都讓世人印象深刻。

因此我特別取來雲南鶴慶山區攜回的手工茶票紙，在唐寅仙逝近五百年後的今天，以茶汁融入水彩，將樸實的客家伙房置入近景，柴燒茶器則在禾埕外成就極簡茶席，在陽光下以青潤似鐵的光芒，呈現茶湯、賓客與遠山之間的虛實，再以類似慧善大士機鋒雋語的禪詩手法題詩，希望以《續唐寅事茗圖》呈現文士茶回歸自然的精神，並向唐大才子致敬：

陽光異常熾烈
天空卻近乎皎白
伙房看似靜寂
煎水已然颼颼
茶席上，柴燒
青潤似鐵

舞出觀音
無可取代的
蘭花香氣
山還在遠方
而心，早已
輕輕放下

台灣茶藝館於七〇年代後期開始出現，由茶藝界大老蔡榮章於一九七六年在台北市林森北路成立「中國功夫茶館」首開風氣；當時大多以蘇州園林為依歸的茶坊格局，不僅明顯有別於西式咖啡館的現代裝潢，也為繁忙的台北人提供了新的品茗環境。後來蔡榮章在天仁集團力挺下，於衡陽路鬧區成立「陸羽茶藝中心」屹立至今，更成了培育泡茶師的搖籃。當時著名茶館還包括老字號的「紫藤廬」、「耕讀園」；詩人許露麟在公館開設、成就現代詩人聚集煮茶論詩所在的「五更鼓」；還有書畫伴隨茶香的「東坡居」、忠孝東路上的「雨香軒」、華視旁的「慕雨軒」；以及一九八六年選出第一位民進黨黨主席而聲名大噪的仁愛路圓環旁「圓穠」、已故名作家三毛生前常駐足的南京東路「茅廬藝術茶館」等各領風騷。

值得一提的是，有別於日本的「茶道」、韓國的「茶禮」，台灣獨創的「茶藝」

一詞，也是在一九七七年間，在茶界與文化人的激盪下所產生。

不同於中國盛唐時期的茶坊、茶肆，或宋代的茶邸，甚或明清迄今的戲茶館、棋茶館等，當時台北流行的茶館較重視「茶藝」的精神面，從有形的茶器、茶法、茶儀，至品茗環境與擺飾陳設，到無形的茶香或人文氛圍等，共同交織而成的品茶境界，成了台北茶藝館最迷人的特色，因此很快就造成流行。

▼台灣岩礦壺名家鄧丁壽在鹿谷工作室設置的茶屋。

可惜單純以茶藝為主的茶館在九〇年代中期以後逐漸沒落，取而代之的是翰林茶館、春水堂、天仁喫茶趣、古典玫瑰園等大型企業，以複合式茶館型態，結合當紅的泡沫紅茶、珍珠奶茶、精緻餐飲或下午茶文化等，推出連鎖店續領風騷；至於商圈內的傳統茶館，如非擁有強烈特色，幾乎毫無生存空間。

弔詭的是，茶藝館沒落的主因，並非喝茶人口減少，而是茶藝已經走入家庭，喝茶人口不減反增、且愈呈年輕化的走勢。學茶人數也不斷增長，除了私人茶藝教學的崛起，官方或民間團體、宗教團體甚或大學相關系所，也不斷廣設茶藝班推波助瀾，如台北市社教館或各地方農會等。台灣由「陸羽茶藝中心」舉辦的泡茶師考試已持續十多年，取得民間頒證泡茶師或茶藝教師資格的早已不下數百人，影響所及，近年大陸官方推動的「茶藝師職業證照考試」也愈趨熱門。今天在台灣，家家戶戶大多備有茶品與茶具，茶壺收藏且取代了傳統的酒櫃，茶藝館不再是喫茶的唯一選項，式微自是難免。

所幸二〇〇五年以來，隨著兩岸茶藝交流的日漸頻繁，以及台灣茶業的興盛、台灣茶器風靡對岸等因素，來台找茶、喫茶的遊客大幅成長，加上中華茶藝聯合促進會、中華國際無我茶會、泡茶師聯會、會心茶集、中華方圓茶文化協會等茶藝團體的蓬勃發展，台灣以各種型態出現的茶藝館風雲再起。面對電腦與智慧型手機無所不在的今天，業者也不斷推陳出新、全面應戰，純粹以品茶為主的茶館幾乎不見，除了開放網路或手機充電已成共識，再推出精緻美食，或茶品與茶器的推廣販售，甚至提供藝文展出、書法或茶藝教學、親子同樂、大型會議等多重複合型態，而日本抹茶道與煎茶道的注入，也讓喫茶空間更加熱鬧繽紛。

而茶藝的呈現也不再限於茶館，新一代的茶行無論裝潢如何時尚豪華，也多會在適當的一隅擺上茶席；陶藝家們開始在工作室廣設茶間，甚至服飾店、旅館民宿等，都可見到茶藝的相關氛圍。而明代文士茶品茶、賞器、吟詩、賞畫的風氣也更加具體，例如鹿港老街上的「彰化縣茶藝協會」，吸引遊客目光的不僅是傳統三合院的老厝風華，山門上隨時配合時事而更換的對聯更令人拍案叫絕，不僅多了一份文化情懷，更讓人感受到台灣高度民主化帶來的多元聲音。

第一章

台北都

永康麗水茶陶文化圈

▼永康麗水商圈已成為台灣發展最快速的茶文化一級戰區。

▼永康商圈連服飾店都會擺上茶席，如春稻服飾。

捷運東門站通車後，台北市永康街、麗水街商圈的茶文化相關產業，開始如雨後春筍般一一崛起。根據業者非正式的統計，至二〇一四年夏季為止，短短兩條街加上縱橫其間的大小巷弄，包括茶莊、茶館、茶器、茶人服、茶巾、茶書店等合計至少超過五十家，成為台灣發展最快速的茶文化一級戰區。

廣義來說，以「永康公園」為中心向外輻射的永康商圈，涵蓋永康街、麗水街、部分的金華街，以及街口附近的信義路等。老字號的「回留茶館」、「沁園」茶莊、「興華名茶」，與茶藝名家李曙韻的「人澹如菊」茶書院、資深茶人何建的「冶堂」等，在永康商圈算是較早成立。此外還有「小茶哉堂」、「虫二茶莊」、「永峰茗茶」、「永康茶館」、「圓滿自在」、「永康階」、「陶作坊形象館」、「天仁喫茶趣Togo」、「吳錫發手染服飾」、「尋藝廬」，加上新近擴張版圖的「王德傳」；還有以老茶為主的「e-2000」、結合三明治與手工茶的「照起工」；加上懷舊風情交織骨董文物的「昭和町文物市集」；以及可以喝茶的「敦煌藝術」與「一票畫空間」等。

▲永康商圈茶行茶莊也多會擺上亮眼茶席，如王德傳永康店。

▲結合手工茶與三明治的「照起工」茶館。

麗水街則是由陶藝名家三古默農創立的「三古手感坊」打響第一炮，風氣漸開後，才陸續有「耀紅」、「古典玫瑰園」、「罐子茶書館」、「陶氣」、「安達窯」、「串門子茶館」、「天養御茶」、「木子」、「珠穆朗瑪」陸續進駐，還有陶作坊另闢茶葉品牌的「不二堂茶所在」，以及師大正對面由鐵路局舊宿舍改建的「梅門飲居」等，原本寧靜的麗水街頓時與緊鄰的永康街互別苗頭，成了人聲沸騰、茶香飄搖的「茶陶一條街」。

貫穿兩條平行街道之間的大小巷弄，彷彿彼此緊緊牽繫的千絲萬縷，為整個商圈注入源源不絕的嫵媚與繽紛。幾乎所有店家都具有強烈的個人風格、亮眼的設計裝潢，即便永康公園對面的一家有機保健食品店，也充滿了陽光與蔚藍的地中海風情，讓人忍不住想入內探個究竟。而單純的茶行或茶器專賣店，甚至服飾店、骨董店等，也大多會在適當之處擺設漂亮的茶席，例如王德傳茶莊永康店、不二堂茶所在或春稻服飾等，這是其他商圈所沒有的特色，行人或遊客總能在和擁擠的人潮與時尚的櫥窗擦肩而過之間，感受濃郁的文化氣息，以及空氣中瀰漫的淡淡茶香。

茶香、岩礦、茶人服——三古手感坊

比起人聲沸騰且餐飲與精品店較多的永康街，起步稍晚的麗水街可說寧靜多了，茶文化氛圍也較為濃厚。

從捷運東門站走出，步入麗水街，很難不看見「三古手感坊」以蒼勁毛筆書寫的斗大招牌，無怪乎，今天已成了許多對岸茶人相約的明顯地標。進入後最常見的景象，就是主人三古默農默默的坐在一隅，專注的拉坯或修坯，笑盈盈的招呼客人隨意參觀，待工作告一段落了，自然會停下來，邀請好友坐在大塊原木切成的厚實板凳上，品茶。

做為台灣第一家岩礦壺展館，

茶器、狂草與茶香共同交織的三古手感坊。

▼三古手感坊今天已成為麗水茶陶文化圈最明顯的地標。

主人小心翼翼的打開岩礦茶倉，取出他珍藏多年的台灣老茶，歲月的陳香頓時宛如五指山下剛剛獲釋、飛躍而出的齊天大聖，掙脫陶燒的茶荷，將香氣瀰漫整個室內；燈光下但見條狀茶品已明顯黝黑，依然散發迷人的光澤，應該是陳期四十年以上的南港包種了。懷著感恩與虔敬的心，將岩礦壺沖出的溫潤茶湯輕啜入喉，已轉化為蔘香的濃醇甘美頓時直衝腦門，強韌的茶氣與陳茶的老韻在入喉後更展現無遺。

飲罷三盅，我特別細看他最新的岩礦茶倉作品，色彩布局與恣意揮灑的各種天然植物釉色，顯然都已更趨成熟；原本他獨有的繁星點點藍色岩礦風格，加上了類似潑墨般強烈的白，以及四周妝點的櫻紅，讓我想到北宋大才子蘇軾的名句「驚濤裂岸，捲起千堆雪。」其中較大的幾個圓滾外觀，口緣除了有他蒼勁的行草，還有看似不經意的筆觸，而蓋緣的刀痕則更為俐落。

再看飽滿拍打的岩礦，滿布的橫紋織錦，讓整個茶倉都活了起來。尤其藍色星空巧妙的與渲染的大塊櫻紅銜接，斗大的雪花紛紛又如天燈般逐一升起，彷彿還有陶藝

▼三古默農創作的岩礦茶器展現線條與色彩多元的豐姿熟韻。

家深刻的祝福，強烈的文人氣息令人讚嘆。

三古默農曾在台灣各大媒體擔任攝影記者長達十八年，因此店內經常聚集不少名人。尤其近年強烈人文色彩的岩礦壺在對岸聲名大噪，每天都有慕名而來的對岸粉絲或國際友人，主人卻還能怡然自得的在一隅拉坯、泡茶、插花或勤練書法，不斷將多元風貌注入創作，令人欽佩。

除了造型與質感，三古默農色彩飽滿的獨到表現，在岩礦家族中更無人能及。且不同於常見的化學釉料，他始終堅持以陽明山櫻花樹灰、竹子湖劍竹灰、茶灰等各種自然元素調配而成的天然美麗色釉來融入作品，彷彿藍寶石般優雅的璀璨，注入肌理分明的壺身，充分展現力與美、線條與色彩多元的豐姿熟韻。

除了三古本人與吳麗嬌、廖明亮、廖吳素琴、杜文聰等師兄姐作品，以及岩礦壺開山祖師鄧丁壽的作品展示；店內也販售女兒張可葳設計製作的台灣茶人服，不僅廣受台灣泡茶師的青睞，在對岸也深受歡迎。

張可葳年紀雖輕，提起茶人服飾可一點也不含糊；她說茶藝已進入美學新時代，除了追求茶湯口感以及百家爭鳴的泡茶工夫外，服飾穿著也愈發重要。因此她從傳統手工加入現代元素，設計剪裁也多能考慮年輕一代的想法，徹底跳脫過去唐裝或鳳仙裝的窠臼，做出兼具時尚又不失沉穩大器的茶人服，並融合手繪、蠟染、水墨、手染的藝術表現，為台灣多元繽紛的茶文化注入新活水。

從布料的選擇開始，張可葳除了直接從台灣工廠訂製坯布，使用傳統的紗、棉、麻，以英國或日本進口的環保染料加以染色，也引進質感柔軟的日本絲料，兼顧體面、舒適與質感。目前工廠設在三重，從批布、染色、打版、剪裁到縫製完成，包括最後階段的彩繪，都不必假手他人，因此產品絕對獨一無二、絕無「撞衫」之虞。

張可葳從傳統手工加入現代元素設計剪裁的茶人服。

畫廊般的茶藝館——耀紅

由兼具畫家身分的企業家張耀煌創立的「耀紅名茶藝術空間」，店名來自張耀煌的英文名字Yahon。店內除了自創品牌的茶品與茶器，也經常舉辦各種畫展或攝影展，例如藝術大師李錫奇版畫小品展、已故台灣攝影先賢鄧南光攝影展等，而有「畫廊般的茶藝館」之稱，藝文與茶香結合，往往讓來客多了一份意外的驚喜。

店長黃嫊媜是來自紫藤廬的資深茶人，二〇〇八年進駐後，忙於兩岸事業的張耀煌就將茶館全權授予她來管理，除了優雅的

耀紅店長黃嫊媜展現優雅的泡茶身段。

▼耀紅名茶藝術空間隔著落地玻璃呈現的賞荷品茗意境。

泡茶身段吸引不少騷人墨客駐足，經由她一手打造的古典風格飲茶氛圍，也往往讓人眼睛一亮——運用大量的骨董傢俱與東方元素重新裝潢店面，也定期更換自己親手搭配的花卉，並展示不少在對岸經商有成的張耀煌私人珍貴收藏。而致富後不忘畫家本業的主人，也偶爾會為自家茶品做設計或彩繪包裝，例如動物系列的外包裝，就是出自其手。而隔著落地玻璃呈現的賞荷空間，更讓人感受茶與自然共舞的曼妙意境。

黃嫊媜說，耀紅除了不斷邀請畫家舉辦個展，也將不定期舉辦茶會，希望民眾在品茶、賞畫，以及音樂、花藝巧妙結合的氛圍中，充分體驗優美的台灣茶文化。

再現曲水流觴情懷——串門子

▼串門子地下室將飲酒改成品茶的「曲水流觴」空間。

兼具時尚與人文品味，且在設計構思上，巧妙的貫穿連結古典與現代，相互交織串場。

這是茶席設計早有盛名的沈堯宜，為了一圓年少時的夢想，而在二〇一三年落腳麗水街十三巷，將滿腦子對茶文化空間展現的創意化為行動，一手打造、催生的「串門子茶館」，從門口的花花草草與各式裝置藝術開始，到入門後無所不在的巧思細節，處處都令人感到驚喜。

沈堯宜除了以他擅長的茶席設計與空間布置，讓原本老舊的公寓一樓「活」了起來，透過茶品簡約卻令人印象深刻的包裝，更顯示他不凡的設計功力。而做為人澹如菊的大弟子，串門子的小壺泡無論在選茶與茶器搭配，乃至茶席的整體呈現都有獨到之處。

為了讓更多的年輕朋友親近茶，他特別推出了「古茶新喝」，即傳統茶搭配現代喝法。例如猛豔的紅酒瓶，裝的卻是紅茶，不鏽鋼製成的籠

由茶席設計名家沈堯宜開設的串門子茶館。

▼串門子無所不在的巧思細節，處處都令人感到驚喜。

中鳥則是濾茶器。甚至將東方美人、金萱、凍頂烏龍三種茶品分別裝在不同的玻璃試管內，一一置入冰塊架中冷卻，將試管抽出後，倒入一旁宛如小酒杯的玻璃杯中，茶湯不僅多了冰涼的口感，對三種茶品分別應有的奶香、蜜果香與渾厚甘醇，也不致影響太多。

沈堯宜數年前曾為泡茶師聯會主辦的「鏡花水月」茶會，以數千個紙杯布置一個時尚、環保且現代感十足的品茶空間，令人印象深刻。原創不僅搬移到串門子地下室完整重現，還將古人流傳的「曲水流觴」引進地下室，可說創意十足。

所謂「曲水流觴」，原本為古人飲酒時為助酒興所進行的一種遊戲——大家坐在河渠兩旁，在上游放置酒杯，酒杯順流而下，停在誰的面前，誰就取杯飲酒，但酒可不能白喝，必須寫首詩才行。歷史上最著名的莫過東晉時，大書法家王羲之偕同親朋謝安、孫綽等四十二人，在會稽山陰蘭亭所舉行的曲水流觴，眾人飲酒詠詩結成《蘭亭集》，由王羲之為該集作序，成就了古今書法的絕世之作〈蘭亭集序〉。

沈堯宜則在地下室挖掘出蜿蜒的小型水渠，將飲酒改成品茶，讓參與的客人宛如置身東晉場景，在水渠旁隨意取杯飲用，有時還會以古樂演奏助興；儘管無須吟詩作對，也接近古代文人雅士的趣味境界了。哪天我得幫他邀約幾位詩人，以曲水品茶後各寫一首詩，再請書法了得的名作家亮軒寫出〈串門子詩集序〉才是。

民居茶室風華重現——回留茶館

座落永康公園旁，外觀簡樸的回留，與它原本的名稱「回留素食茶藝館」頗能契合，顯然素食與品茶占了同樣重要的位置。二〇一四年十月經重新裝潢再出發，注入更多茶與東方的新元素，更帶有些許劇場與藝廊的風貌，店名也改為「回留茶館」，真正落實以茶為主題的人文空間，駐足其間，無論品茶或享用素食佳餚，都有返璞歸真的感受。

女主人胡筱貞的夫婿是長年旅居台灣的美籍藝術家 **Evan Shaw**，兩人在一九九〇年就在永康街共同打造、開啟了茶與素食

回留有如劇場般的品茶空間。

的美麗邂逅，算是永康商圈成立最早的茶館了。只是當時慕名而來品茶的大多為日本遊客，台灣朋友則多以用餐為主，因此知道的人並不多。但近年喝茶人口不斷成長，年齡層也不斷下降，尤其大幅開放觀光以後，店內出現許多日本、韓國、中國大陸或香港的朋友，且以年輕人居多，讓女主人頗感欣慰。

▼回留內部空間盡量以天然素材為主。

胡筱貞說，改造的全新格局表現，主要是將「民居茶室」的概念導入，以老木、老地板、老桌與茶榻等構成品茶空間。而地下室則做為表達想法、藝術展覽、茶席或舉辦活動的空間意境，以數片大型竹簾連接構成的背景，透過簡單的燈光輝映地面拙樸的長條木桌，彷彿整個心都被渲染入畫。在不算太大的空間裡，卻顯得十分寧靜、空靈又充滿東方禪意，尤其推開玻璃門後，就是主人所說的「樹院子」概念，踩著地上的大石塊，沿著奇花異草的小小天地，踏上樓梯仰望霓虹與星空交織，很有兩個時空同時交會的感覺。而展覽不限茶器或陶藝，也包括西畫或水墨等。

為了真正落實茶的氛圍，並吸引更多的年輕朋友進入茶的領域，回留從早上十時

▼回留極簡的擺設與搭配成就的禪意繽紛。

▼回留地下室做為不定期舉辦藝文展覽的空間。

開始就供應茶品，直至晚間十時打烊為止。儘管用餐時間有所限制，但女主人也提出了「套茶」——即「茶組合」的概念——依不同季節的不同茶品做組合，來客可以依序品嚐當令不同的茶品，如夏秋時節的東方美人茶、蜜香紅茶，或春冬兩季的凍頂烏龍、文山包種等，搭配本土以「米食」為主的茶點，如紅豆糕、桂花糕、芋頭糕等。

回留一樓多樣的櫥窗中，也展售台灣陶藝家的茶器創作，部分且為男主人的陶藝作品，包括柴燒等茶壺或小茶倉等。而提供客人泡茶的器皿也不含糊，館方講究傳統茶學，提供好茶、好水，依不同茶品選擇碗泡法、工夫泡與蓋杯泡三種方式，呈現茶品的最佳狀態，也能將喝茶的趣味完整釋出。

至於聞名遐邇的回留素食，女主人特別強調「追求大自然與健康的養生概念」，食材以當令與當地有機蔬果為主，不用過度加工的素食產品，也不過量調味、少油，讓餐後儘管「飽足感」十足，卻不致造成身體負擔。

以茶為本的夢想家——治堂

繞過永康公園步向另一處寂靜的幽巷，錯落的老舊公寓櫛比鱗次迎面撲來，令人彷彿掉入另一個不太協調的時空。綠蔭遮蔽的一樓像是不設防的鄰家大院，視線掃過枯藤蜿蜒的牆面與閒置的幾個陶甕，推開紗門，眼前豁然開朗的景象令人眼睛一亮，滿室的陶壺、茶器與瀰漫的茶香在眼前飄蕩。這就是既不像茶行也不似茶館的「治堂」，是主人何健基於二十多年來對茶文化推廣的堅持，所營造的一個全然「以人為本」的茶空間。

何健說茶葉與茶器雖然是商品，但希望盡量維持一個調子與品味，營造一個以台灣茶為主軸的環境。除了強調「台灣特色茶」，也有中國茶如普洱或武夷岩茶、日本抹茶等，堅持做文化上的呈現而非商品的展示，希望消費者純粹為茶而來。

何健特別強調茶與人的「心靈的邂逅」，他說那應該是文學性的感動，而非一般人對茶滋味和茶香過度的追逐與理性分析。正如日本茶道大師千利休所言「好茶具不重要，真正的道不需要它」，儘管店內不乏珍藏老壺，但何健卻主張返璞歸真。他說「新茶是大自然的恩賜，喝一杯尋常的茶是感念，喝一杯好茶則是驚喜與讚嘆吧。他說「新壺或許不勻整，比例線條或許不夠完美，但裡面有泥有水有感動，有一雙手細細雕琢著初發心」。

▼冶堂展示的陶壺、竹器、木器與布墊等各種茶器。

在琳瑯滿目的茶器展示架上發現各種不同的布匹，包括茶包、鋪巾、方墊、織布袋等，引人好奇。何健從茶文化的角度切入說，二十多年來台灣茶藝的發展，「布」其實是最早呈現的方式之一，泡茶從鋪茶巾放茶具開始，才逐漸發展至今天木製或竹製甚至陶器的茶船，主要功能是不讓茶具直接接觸桌面，透過鋪陳的舞台來表現茶具。

從二〇〇四年至今，何建始終竭盡所能為維護夢想而打拚。最近卻在永康公園旁，一條狹小到連小轎車都無法進入的巷弄內，開設了第二家冶堂，室內典雅的布置與茶席擺設一如老店，何建希望朋友們能逐漸轉移過去品茶購茶，老店則保留做為自己悠遊茶天地的工作室。

茶店、書局、藝廊——罐子茶書館

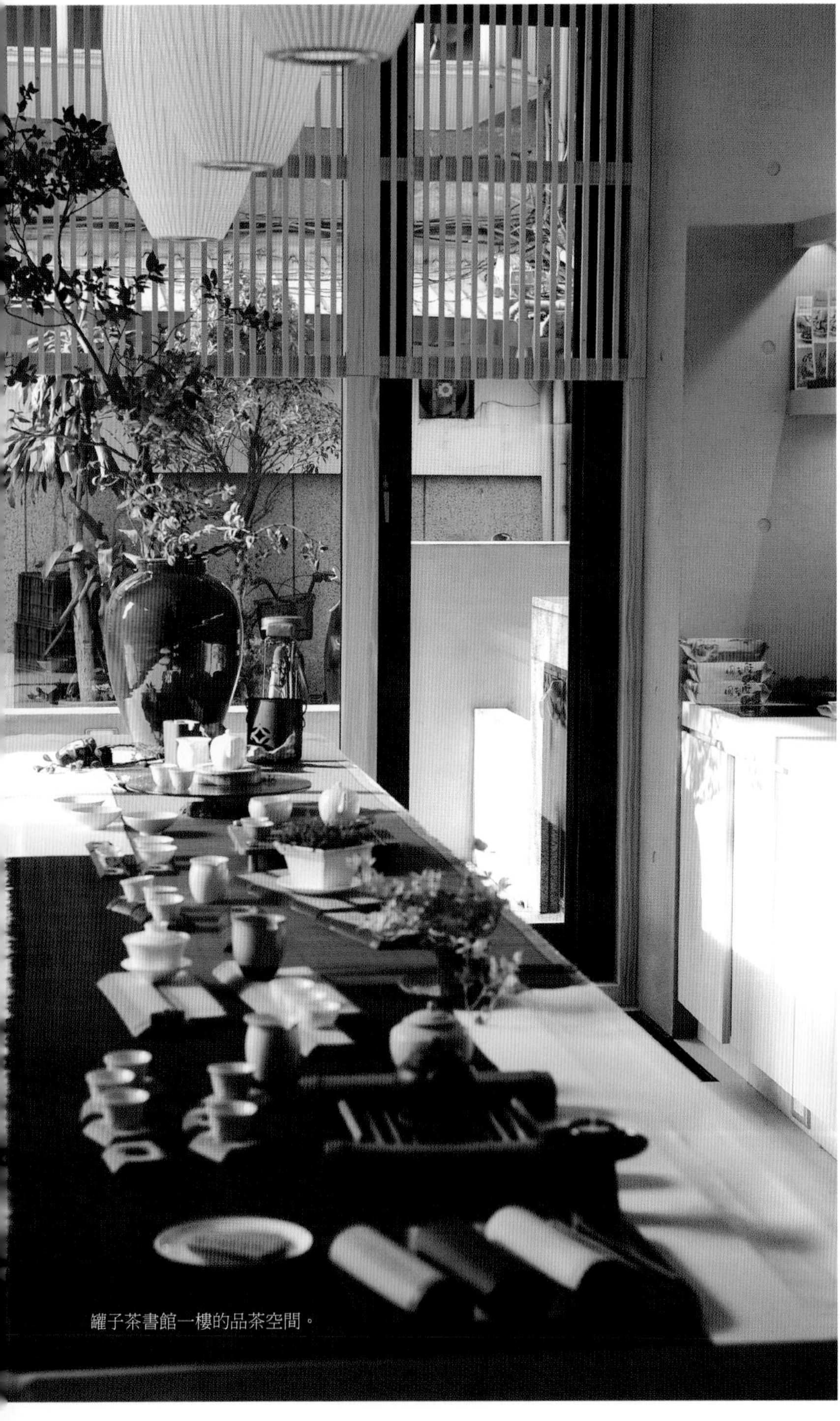

罐子茶書館一樓的品茶空間。

▼罐子茶書館大門沒有人看得懂的三個大字很能吸引路人駐足。

麗水街九號獨棟的「罐子茶書館」，儘管每層空間都不太大，但都深具人文氣息。雖然是「茶書館」，以販售各種茶文化相關書籍為主，可以擺設茶席的空間並不多，卻始終秉持「每一個角落都可以喝茶」的經營理念，一樓同樣設有品茶空間。

罐子茶書館是一家結合茶香、書香和文化展演的空間，由《當代藝術雜誌》與《CANS藝術雜誌》創辦人劉太乃一手打造，特別的是入口處絕對沒有人看得懂、又像中文又像滿文的三個奇怪大字，店家說那是大陸藝術家徐冰，以英文店名CANS BOOK SHOP為本的漢字西方式寫法，吸引許多路人停下腳步好奇討論。

罐子茶書館整體裝潢走簡約的東方風格，又帶有那麼一些人文禪風意境，應該是主人對古代文人雅士品茗展讀的生活想望，所營造出的具體呈現吧？二、三樓與地下室除了擺放茶書，也提供個人收藏和現代藝術家展演的舞台。

罐子茶書館左側一樓販售各式茶葉和茶具與午茶，地下一樓為藝術展場兼茶席包廂，右側一樓則為車庫大門；二樓結合書店與茶席，專賣各種茶文化相關主題書，包括來自日本、對岸以及歐美的茶書，也不定期舉辦茶器展，如竹雕名家翁明川、翁偉翔父子的「茶竹樂」現代竹雕聯展等。三樓則展售日本骨董茶具和絕版書、畫冊或參考工具書。

品味茶的藝術美學——梅門飲居

梅門創辦人李鳳山師父曾說「養生離不開食衣住行育樂」，因此從二〇〇九年七月由台鐵委託經營「城市閒置空間再利用」，從鐵路局舊宿舍的一片廢墟中，帶領志工們胼手胝足、一磚一瓦所打造、開創的藝文新桃花源「梅門德藝天地」，於二〇一〇年落成啟用。將閒置荒廢多年的麗水街三十八號，重新注入文化活水，成了今天師大文教區「老樹巡禮步道區」城市漫遊的起點與最大亮點，更是從師大門口進入永康人文商圈的第一站。

由國立台灣師大校門正對面

梅門二樓飲居透過偌大的玻璃窗欣賞外面風景。

▼來自日本的津田和美受邀在梅門做表千家抹茶道示範。

步入梅門，入口處高大的老茄冬樹底下，有當年留下的一截老鐵軌，做為曾是鐵路局宿舍的鮮明記憶。主建物有開闊的庭院、精心設計的流水風車、水舞噴泉許願池等造景妝點。二樓做為茶藝館的「飲居」，隔著偌大的玻璃窗將所有的風景都一一融入茶香，還有一樓「玉蘭香廣場」與噴泉共舞的露天茶座；肚子餓了，則可以到一樓食堂品嚐美味素食或茶滷；別樹一格的城市風情處處充滿驚喜。

而庭園後方也特別闢出兩百坪的寧靜空間成立「賞廳」，做為兼具養生、文化、教育、休閒的多功能藝術美學空間，開館四年來舉辦精彩展覽無數，不僅為永康麗水茶陶文化圈注入一股清流，也讓梅門成了結合茶藝、食堂、藝廊的新天地。

例如梅門每年都會邀請日本茶器與茶道專家，來台做銀壺、香道、花道、茶道以及瓷器、漆器等茶具的交流、教學與展覽。包括表千家抹茶道津田美智子教授、九州三川內燒傳人中里博恒，以及手造鍛金工藝世家「東浦銀器」第二代傳人石黑光南等，為台北帶來清新的春意與繽紛。

▼梅門賞廳內由木工藝術家蔣茂煌創作的禪椅。

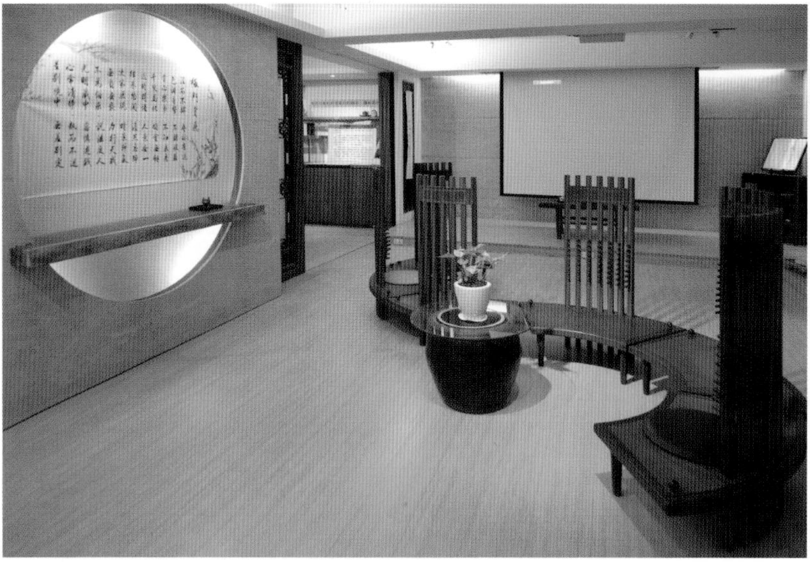

梅門邀請來台的津田美智子教授，不僅帶來表千家抹茶道的示範展演，也帶來了池坊流的花道與香道。在發表會的同時，津田教授從割香、起灰、點炭、鋪灰、開火窗到上香木，用銀葉挾夾起銀葉放在灰山上，再用香匙舀起香木置於銀葉之上隔灰悶香，以完整的香道示範開始。她的兩位助手津田和美與石黑桂子則在華麗的和服掛飾下呈現茶道最優雅的一面。

此外，梅門志工還將院內一株六層樓高的白玉蘭樹復育，不僅在每年四月至十月間為甘醇茶香增添了沁人的花香，更吸引了大批黑鳳蝶、小粉蝶，甚至領角鴞、夜鷺、赤蛙等都回來了。已逾六十高齡的玉蘭樹，也於二〇一三年十月正式列入「台北市受保護樹木」，令人感受梅門志工的用心。

不過，梅門與鐵路局的合約僅至二〇

一四年底，儘管經協商後得以續約至二〇一五年底，但之後土地將由國有財產局收回，這樣一座城市中的桃花源，很可能會在一年後消失，成為又一棟都更的大樓，讓藝文界深感錯愕。因此園方正努力發起連署，希望愛茶人、文化人能夠一起站出來，像當年文化界群起捍衛紫藤廬免於拆除一樣，讓它為台北市的文化表情再說說話。梅門的曾麗容師姐也表達了全體志工的心聲——希望「麗水三八」裡外通透的悠閒空間，能繼「青田七六」之後，發展成為全民共享的人文聚落，變成一步一人文、一里一特色的台北特色街巷。

梅門飲居內的茶氛圍與窗外的師大校園構成最美麗的風景。

小而美的人文意象——天養御茶

　　麗水街淡江大學周邊一向人文薈萃，由今年台北市泡茶比賽勇奪第三名的梁美粧一手打造的「天養御茶」，儘管空間不大，卻能以濃郁的人文風情融入，而在群雄並起的茶陶商圈獨樹一格。

　　喜歡喝茶、研究茶，更喜歡親自泡茶跟所有愛茶人分享，並以自己收藏多年的台灣老茶為店名，梁美粧希望能以「一滴露水」營造「一方淨土」，因此店內茶品多以台灣老茶為主，東方美人茶與普洱茶次之，吸引許多日本遊客與對岸朋友駐足。

　　她也喜歡將茶葉依不同特性，

天養御茶儘管空間不大，卻能融入濃郁的人文風情。

▼勇奪台北市泡茶比賽第三名的梁美粧親自為來客司茶。

存放在不同性質的陶甕中，讓「甕藏老茶」幻化出更佳的茶湯風味。步入坪數不大卻井然有序的空間，有她多年珍藏的茶品、名家壺與茶書，更有大大小小散居各個角落的陶甕茶倉，讓各行業的愛茶人以虔敬的心相互分享，而櫥櫃上擺放的各種茶器則多為台灣新銳陶藝家作品，透過巧思讓每一個角落都成為美麗的驚嘆號，飽滿的生活美學更讓人備感親切。

推開木格大門，老鐵壺、茶壺與杯具構成的茶席，與玄關的狂草、木櫃上的藏茶大甕，以及旁邊擺滿的茶書，共同交織的人文氛圍，就已讓人心曠神怡。聞得陣陣茶香飄送的同時，女主人正笑盈盈的以第三名採花的身段，親自為來客沖泡熱騰騰的木柵正欉鐵觀音，入口的蘭花香與喉間不斷釋放的觀音韻，讓整個下午都鮮活了起來。

非關網路的老茶老東西——e-2000

二〇〇〇年三月十日，美國納斯達克指數以五〇四八．六二收盤，達到當時網際網路及資訊科技相關產業的股價最頂峰，全球各國都看到了網際網路板塊的快速增長，即將從電子業退休的廖宜宗也看到了，正如當時許多迅速崛起的科技公司，多喜歡在名稱加上前綴「e-」或後綴「.com」一樣，廖宜宗也將自己準備開設的茶館命名為e-2000。

不過，看似網路公司的命名，卻與他們門口木椿上斑剝的大字「老茶，老東西」意象全然不搭。廖宜宗解釋說，二〇〇一年開店伊

e-2000放眼所及盡是老舊的木桌、老木櫃、老壺、老甕、老茶等。

▼廖宜宗收藏的已故傳奇老茶人陳阿蹺手做的團茶。

始，原本有心以自己的專長架設網站、透過網際網路行銷，只是很快就發生重創全球經濟的「網路泡沫」危機，而一向澹泊名利的他，也不希望把自己搞得太累，因此毅然租下永康街的店面後，僅單純的利用下班時間來顧店，成了永康街極少數晚上才營業的店家；茶館也與網路全然無關，不過他仍保留了網路般的店名，因為英文字母與數字皆「無國界」。

六年前廖宜宗正式從電子業退休，全心投入後，營業時間也改為下午三時至晚上十時。茶館緊鄰永康街販售古文物與舊書字畫的「昭和町文物市集」，廖宜宗喜歡老茶，也喜歡所有老舊的物件，因此從推開咿呀作響的木門開始，放眼所及盡是老舊的木桌、老木櫃、老壺、老甕，以及架上滿滿的老茶，連牆上的畫與老鐘、擺放CD的風化木塊，以及刻意嵌上的木格花窗等，都明顯看得出歲月走過的風霜。

坐下來，廖宜宗取出了幾顆小籠包大小的團茶，外觀與普洱沱茶不同，從葉脈條索來看也絕非雲南大葉種。看我陷入沉思，他才得意的告訴我：「是老茶人陳阿蹺手做的團茶啦！」陳阿蹺？不就是台灣茶界的傳奇人物，早在一九八二年與一九八四年就曾勇奪凍頂烏龍茶冠軍、鹿谷永隆村的知名茶農嗎？儘管早已仙逝，但他當年所產製的茶在行家口中已成一絕，據說每斤叫價十五萬以上，堪稱特級收藏品了。至於一九八〇年代手做的團茶，則更為罕見，沒想到還能讓我親眼目睹，之前就有人告訴我說e-2000藏茶頗豐，且不乏珍品，果然名不虛傳。

接著他取出了陳期約四十年的文山包種老茶，用養得通紅發亮的一把宜興朱泥老壺沖泡，昏黃的燈光下，泛著油亮湯暈的深褐色茶湯就已讓人著迷，入口後濃郁的蔘香更在喉間緩緩釋出幽

e-2000每個角落都有主人獨特的美學意識。

▼e-2000 牆上的畫與木格花窗都明顯看得出悠悠歲月的風霜。

遠的尾韻。廖宜宗說他就是喜歡老茶那種經過漫長歲月洗禮後的成熟韻味，柔順、水滑的絕妙滋味讓他回味無窮，因此店內的茶品，老茶就占了七成以上，包括台灣老茶、普洱陳茶以及部分安化黑茶、六安籃茶等。

走進e-2000，不僅入口後的老茶令人放鬆，長長的餘韻也讓人忘憂。而且每個角落都有主人獨特的美學意識，包括古老傢俱與各種老茶器的搭配、典雅幽靜的擺設等，透過花格窗下的老茶倉與一旁生氣盎然的綠色植栽，不經意望向戶外，婀娜搖曳的一排桂竹，與一棵生氣盎然的肉桂老樹，彷彿也都融入屋內熱騰騰的風景，那樣暖暖的茶香與老韻。

原本畢業於台灣師大工教系、主修陶藝製作的林榮國，在一九八三年創立陶作坊，專業於茶器與生活陶藝的開發，歷經三十年的努力，如今已建立一套完整茶器架構的王國，不僅深受兩岸茶人喜愛，更揚名日本、韓國、東南亞、歐美等十數個國家，讓台灣茶器閃亮世界舞台。

今日陶作坊作品最大的特色，在於將實用及原創性的陶藝表現技法，加上人文的意涵，應用在茶器具上。造型簡潔、典雅，釉色溫潤。可以說，林榮國的理念即是注入傳統茶文化精神為內涵，以茶器具做為媒介，提供人文、雅緻，且兼具品味與實用性的藝術生活精品為創作宗旨。

▼陶作坊位於台北市永康街的形象概念館。

累積三十年的茶器具設計經營開發經驗，陶作坊將形、色的外顯淋漓盡致發揮，今天更跳脫產品意象，提出「以器皿形塑生活美學」概念——藉陶瓷專業與深植茶器界的能量，將資源有效透過設計，結合東方文化意涵，轉換成時尚表現。因此幾年前進駐永康商圈成立「形象概念館」，希望「以器引茶」——瓷清、岩醇、陶樸，讓傳統又親切的茶藝，能以全新的生活美學面貌呈現。

早在多年前，陶作坊也曾在鶯歌文化路上成立茶陶合一的茶館，可惜不敵大環境的因素而黯然收場，不過旗下的茶葉子品牌「不二堂」卻逐日壯大；因此二〇一四年陶作坊再度出擊，以「社區茶店」為定位，在永康商圈的另一隅，正式成立「不二堂茶所在」。

為了讓民眾體驗原葉個性，讓泡茶自然而然，達到「人、器、茶」的理想，不二堂茶所在特別由專業侍茶師掌握原葉個性，選出種類夠多、健康安全無虞的各種原味茶，讓民眾根據自己的喜好，將不同發酵程度的茶品自行拼配相混，並為其命名，混出自己獨特秘方的「私房茶」，塑造「原來茶也可以這樣喝」的驚喜，至於混茶創意能否開創茶葉消費新一波的流行，或能否獲得茶人的認同，我們且拭目以待。

不二堂茶所在亮麗舒適的品茶空間。

車馬喧中的結廬茶境

▼竹里館幽雅的人文意境。

▼茗心坊主人手繪台灣各茶區海拔標示圖吸引各地愛茶人清晰分辨。

儘管西式咖啡與罐裝飲料近年不斷挾強勢廣告，逐漸改變消費者的喝茶習慣；但做為台灣首善之區的台北，今天仍保有一千多家茶行，以及棲身在鬧區巷弄或古蹟建物的大小茶館。

近年為趕上現代都會的緊湊節奏，商圈內屹立至今的幾家老字號茶館也不斷轉型，繼續為車馬喧囂的台北鬧區飄搖茶香。

培育泡茶師的搖籃——陸羽茶藝中心

▼陸羽茶藝中心以綠竹營造的氛圍。

▼陸羽茶藝中心已成為泡茶師的培育中心。

由天仁集團斥資主導、茶藝界大老蔡榮章一手打造，台北市衡陽路的「陸羽茶藝中心」成立於一九八〇年，命名則來自著有《茶經》一書傳誦千古的唐朝茶聖陸羽，堪稱是台北茶藝館的鼻祖。三十多年來儘管歷經台灣茶藝的興衰起伏與大起大落，卻能不斷自我調整經營的型態與腳步而歷久彌新，始終維持老大的地位而不墜。尤其自一九八三年開始，每年定期舉辦一至二次的泡茶師檢定考試，並在一九九八年起舉辦「茶藝展」、創立中華國際無我茶會等，造就茶界精英無數。

走進位於天仁茗茶三樓的陸羽茶藝，不同於一般茶藝館常見、以裝潢或擺飾所刻意營造的傳統氛圍；簡潔明亮的空間搭配素雅的桌椅，再點綴相關茶書，令人感受真正以品茶為主體的清新天地。儘管茶館今天已不對外營業，依然積極培育專業茶藝人才，舉辦各式茶藝講座；並提供泡茶師多元自在的品茗空間，對台灣茶藝文化的推廣功不可沒。

從茶藝館到茶文創學院——竹里館

還記得唐朝大詩人王維的詩〈竹里館〉嗎？

> 獨坐幽篁裡，彈琴復長嘯；
> 深林人不知，明月來相照。

以彈琴長嘯反襯月夜竹林的幽靜，以明月光影對映深林的昏暗，看似平淡的寫景，多少也隱喻了在落寞中不懷憂喪志的豁然心境。

從台北市西華飯店後方的「竹里館」茶館大放異彩，到松江路「禪風茶趣」茶餐廳融合茶與美

以唐朝大詩人王維的詩命名的竹里館茶藝館。

▼對茶文化傳遞與研究始終堅持不懈的資深茶人黃浩然。

食的繽紛，再到今天SOGO商圈內，號稱台北東區最美的「若荷」素食火鍋店；力拚茶文創商機的黃浩然一路走來，不也正是「深林人不知，明月來相照」意境的最佳寫照嗎？

只因為愛上茶，十七年前決定放棄原本收入頗豐的工程事業，投身茶文化的同時，台灣茶藝館正急遽衰退，茶藝開始走向家庭。黃浩然依然大膽「撩落去」，希望一手打造的茶藝館，不僅做為品茗的場所，也可以是發揚茶文化的藝廊，或許更是對文化傳遞與研究的堅持吧？儘管市場當時走向沒落與沉寂，也希望將危機化為轉機，開創茶文化新契機，並達到茶學藝術提升的境界。

「竹里館」茶館於焉誕生在一九九六年，很快就成了台北品茶最美麗的驚嘆號，更成了日本觀光客不遠千里慕名而來的朝聖首選。除了與愛妻細心規劃的建築與擺設，門外棚架以翠綠的植物遮蔭，綠竹、花草、石階小徑、原木茶桌等共構的前庭，淡淡的竹香在空氣中飄送。搭配館內燈光與茶香共舞、書畫與茶器和鳴的氛圍走向；竹里館無處不散發出一股和敬清寂的茶風禪韻，令人醉心嚮往。

不過，竹里館的定位並不侷限於茶館，黃浩然說，品好茶、焙製精緻茶品、推廣有機茶，原本就是竹里館成立的最根本理念，因此大門口以「台北製茶所」做為燈箱標示，而不強調茶館的屬性。黃浩然除了推廣茶藝也深入鑽研茶葉，每一款茶品都親自烘焙，取得優質茶葉的最大公約數，並從焙茶的過程中了解每一款茶品的特性，將茶葉焙出花

▲一九九六年成立的竹里館，很快就成了台北品茶最美麗的驚嘆號。

竹里館茶器與茶品的展示巧妙的做為隔間。

香、果香、蜜香等不同香氣。不定期在館內進行焙茶作業，與來客共同分享他的心得，在茶葉烘焙瀰漫的淡雅花香或果香中，感受竹里館推動茶文化的用心。

經過十七年的用心經營，竹里館今天不僅已走向品牌推廣導向，更拓展為「茶文化創意學院」，包括茶教學、茶文化（茶山小旅行、茶與音樂饗宴等）、茶文創（茶具、茶器設計訂製；茶境空間、美學設計、茶文創商品等）、茶創業、茶與禪、茶與食（有機茶品賞、茶葉料理等）。其中茶教學不僅擁有中文解說，還製作有日文版本，讓日籍旅客能從中了解台灣茶道精神。

西門鬧區的新茶道美學——淡然有味

淡然有味對各個茶席的擺設都極為講究。

▼淡然有味徹底顛覆一般人過去對茶藝館的刻板印象。

步出捷運西門站，走進成都路霓虹閃爍的商業大樓；走出電梯，門是鎖上的，按了門鈴說明來意，這才看到笑臉迎接的主人藍官金玉。

在茶藝文化已逐漸走入家庭的今天，經營一座茶藝館並不容易。台北市西門鬧區的「淡然有味」卻大膽斥資千萬，以「文化會館」定位，並採會員制方式營運，一般人無法隨意進入，逆向操作的經營方式，讓人忍不住為她們的創意捏了把冷汗。

四年過去了，由藍官金玉與官金枝姐妹倆聯手打造的精緻空間，在兩岸三地闖出了響亮名號，成為許多追求極致品味的茶人、文化人或企業新貴最推崇的品茶空間。藍官金玉說，採會員制與推廣茶藝文化的理念似乎相矛盾，但為了讓品茗擁有幽靜的環境，做為品茶領域的產品區隔，反而能吸引真正有心進入茶藝世界的朋友。

藍官金玉表示，希望藉由活潑、創意的推廣活動，加上優雅的茶席擺設，改變現代人對泡茶的看法，「新茶道美學」的名詞也悄然而生。但在我看來，主人是以打造「美學精品」的企圖心，顛覆以往對茶藝館的刻板印象——從進入大門後寬闊的視野、流暢的格局動線，以及頂尖建材、燈飾等交織構成的空間；非常西方的桌椅擺飾巧妙的融入東方美學元素之內，充滿貴氣、時尚卻又不失幽雅的人文意境，不難發現主人的用心。藍官說希望將最頂尖的茶，藉由茶道普及化，並告別老人茶時代，用時尚美學重新定義品茗文化，也能將早已走進家庭的茶藝重新喚回。

其實藍官金玉原本經營火鍋生意長達三十年，半退休後卻開起茶文化會館，讓友人紛紛跌破眼鏡，長久以來對細微環節都要求最好的個性，也讓「淡然有味」真正「非常有味」，例如茶席擺

非常西方的桌椅擺飾巧妙的融入東方美學元素。

▼藍官金玉對挑選茶巾、茶杯間擺設都非常講究。

設，從挑選茶巾、茶杯間擺設到花卉搭配都極為講究。而為了深耕客群，也會不定期在會館內舉辦展覽，讓客戶在品茶的同時，也能享有美學文化的薰陶。

為了真正走進茶，並整合上中下游產業鏈，姐妹倆也經常挽起袖子、走進茶山，向茶農或茶廠虛心學習，從採菁、萎凋、殺青、揉捻、團揉到乾燥、烘焙等，製茶過程全程參與。

因此今天「淡然有味」不僅提供會員在人車熙來攘往的西門鬧區，有個自在寧靜、全然不受干擾的品茶空間，也開始招收小學生教導茶藝，並對外包辦茶會。目前也已將「淡然有味」當做茶道精品經營，以「細、靜、慢、活」的品牌形象，販售茶葉禮盒、茶席巾等茶道相關商品。

官金枝說姐妹倆都喜歡茶，喜歡書法，

淡然有味松菸店與誠品書店滿滿的書香連成一氣。

喜歡美好的人情，喜歡台北「這麼舊」也「這麼新」的衝突與和解，她說「淡然有味」就是「要從淡中品嚐極味，從平凡中體驗不平凡」，在慢慢煮水、細細飲茶的剎那間，專注於茶湯的顏色、香氣、滋味。

松山文創園區成立後，「淡然有味」也進駐了誠品松菸店三樓，與其他春水堂、回留、有記名茶等以隔開方式成為獨立茶館或茶行空間不同，淡然有味就直接與誠品滿滿的書香連成一氣，就連地板也無任何改變，顯然十分重視淡然有味的進駐。

藍官金玉說，松菸店與西門鬧區本店最大的不同，在於標榜法國路易十四時代奢華風格的本店，至今依然採會員制，無論熟客或新朋友都必須事前以電話預約方可進入，且陳設的各種茶器多以老件為主，如老銀壺、鐵壺、錫製杯托或老錫罐等。而松菸店則屬開放空間，任何人皆可隨意參觀，或悠閒的坐下來喝杯好茶，茶器則強調新一代台灣陶藝家的作品，如林振龍、蔡江隆、朱坤培等。

藍官金玉也特別強調松菸店的招牌茶——大禹嶺著蜒茶，她說茶樹生長在海拔兩千五百公尺以上的大禹嶺，經小綠葉蟬吸食後的茶菁因細胞膜遭受破壞，生長發育受阻，造成茶葉呈現黃褐色，使得茶湯色澤明顯不同，帶有獨特的蜂蜜香與熟果香，無論熱香、溫香、冷香、杯底香都非常持久，茶湯也特別渾厚甘醇。由於長期經小綠葉蟬吸食的茶樹體質甚弱，因此不僅獨特且年產量非常稀有，每甲地的產值不過三成，從土壤檢測、茶葉品質、製茶過程乃至烘焙方式都面面俱到，身價自然不凡。因此特別以青瓷罐裝，再置入專門訂做的原木盒內，更凸顯茶品的貴氣。

其實悠閒的午後到松山文創園區走走，不僅可以參觀展覽，還可以逛書店、喝好茶。踏上誠品三樓，沿著視野最佳的落地窗，可以發現百年老茶店與現代茶館共譜的茶香，包括有記名茶、淡然有味、SIID CHA、山山來茶、春水堂、秋山堂、回留等，為生活更增添樂趣。

▼陪伴台北人走過七十多年的有記老茶行。

屹立在大稻埕茶街已有七十年歷史的「有記名茶」，古樸的紅磚房映入眼簾，如瀑布般垂簾而掛的錦屏藤在大門生氣盎然的迎賓，陣陣撲鼻茶香日夜吸引過往的行人，在櫛比鱗次的高樓巨廈之間顯得更加出色。

來自福建安溪的產茶世家，歷代以種茶為業。清朝光緒年間，現在負責人王連源的祖父到南洋打拚，先在泰國成立王有記茶行，隨後其父親王澄清在日據時期也抵達台灣創立王有記茶行，茶葉精製廠就是當時所設立的。

儘管於一九七五年起陸續在台北市各商圈開立門市，但重慶北路老店依然堅守崗位，並完整存有源自武夷山、建構於日據時期的焙籠與四十一個炭焙坑所構成的焙茶間，以及古老但仍虎虎生風服役中的木製風選機，除了以特殊火候的炭焙烏龍茶鑑賞於行家，也成為保留台灣傳統茶文化最重要的據點。

▼王有記老茶行一樓清幽的品茶空間。

陪伴台北人走過七十年的有記茶行，幾年前進行了大幅翻修，將製茶的古老工廠改裝為小型茶博物館，並將曾是揀茶場的二樓，變成寬敞的藝文品茗空間，每週末並有悠揚的南管演奏，讓樂聲與茶香更豐富台北的人文思維。以父親王澄清與自己的名字結合，茶館取名為「清源堂」，融合了藝術、文化跟美學，經常性舉辦藝文表演或專題講座與茶藝相關教學等。

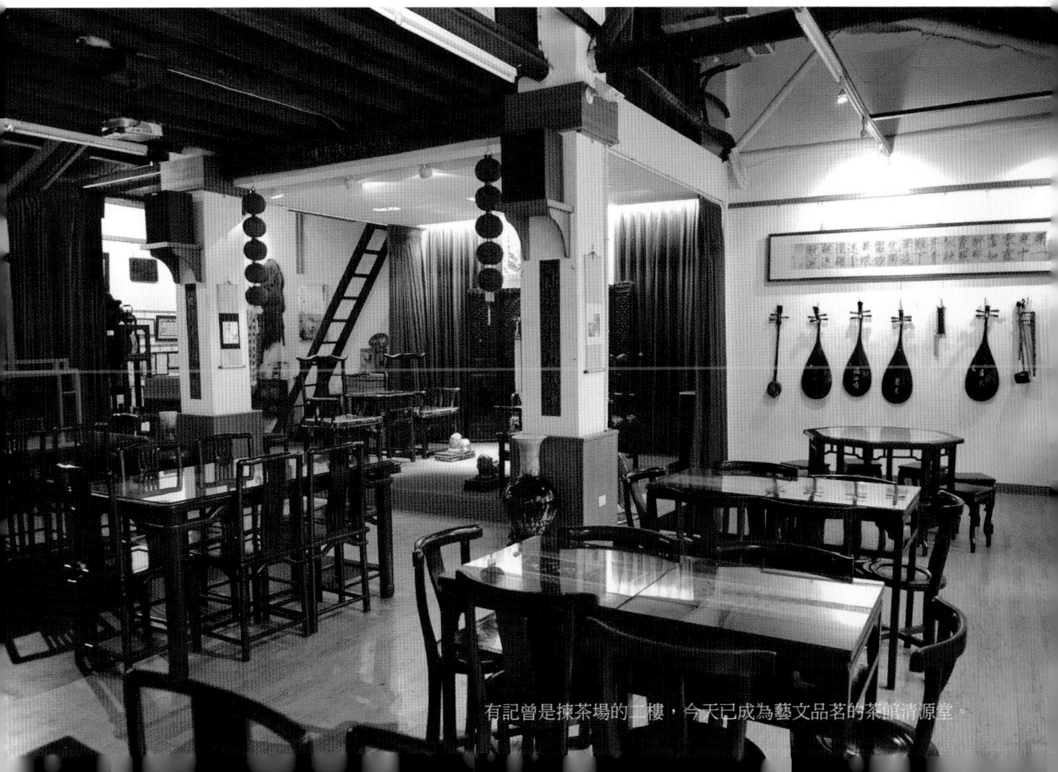

有記曾是揀茶場的二樓，今天已成為藝文品茗的茶館清源堂。

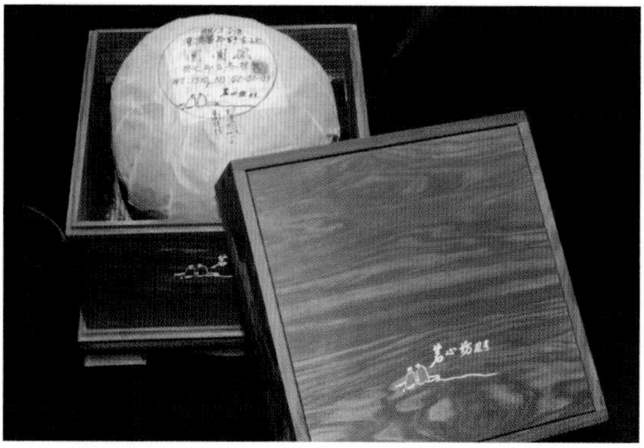

▼茗心坊的團圓茶有主人毛筆落款標示，再以黑檀木盒包裝。

已將近晚上九點，台北市捷運大安站正對面，茶館依然燈火通明，幾個日本遊客正專注端詳桌上一顆西瓜般大小的緊壓茶——卻非來自中國雲南的普洱茶——主人小心翼翼的撥開包裹的白棉紙，一股茶香立即洋溢整個室內。

果然撥開些許茶葉以沸水沖泡，金黃亮麗的茶湯頓時在白色瓷杯內，徐徐釋放深邃的蜜果濃香，入口後但覺厚重而甘滑，在口腔內綿密生津。不僅風味全然迥異於普洱團茶與一般散茶呈現的烏龍茶，口感或喉韻也都截然不同，還有一股暖意從體內緩緩升起，讓東瀛來客都驚豔不已。

主人說那是二〇一三年製成的「團圓茶」，原料採自南投深山、荒蕪茶園兩地交界處的百年野生山茶；因茶籽掉落地面、有性繁殖而成長為不同品種，在不影響茶農正常採摘下，從未施肥除草，任它自然生長所得，可說彌足珍貴了。因此採摘一心二葉製成半發酵烏龍茶，

▼茗心坊空間不算太大，名氣卻跨越國境。

數量極為稀少，再大費周章的將其緊壓成團，並親自在外包紙上以毛筆落款標示。為了凸顯茶品的稀有尊貴，主人還特別以黑檀木訂製禮盒，讓愛茶人得以長期收藏。

主人是資深茶人林貴松，茶館外牆並未懸掛招牌，僅以黃花梨木紋簡單妝點門面。創立於一九九〇年的「茗心坊」，儘管內部空間不算太大，卻經常有路過民眾被空氣中飄送的陣陣茶香吸引，更多的還有來自日本、歐美、東南亞以及對岸慕名而來的愛茶人，讓幽雅的茶室始終維持超高人氣。

分別以陶甕、金屬或錫箔紙包、甚至五〇年代販售糖果的大玻璃罐裝的眾多茶葉，層層疊疊擁擠在狹長的空間；大大小小的茗壺與普洱圓茶也不甘示弱在玻璃櫃內拚場，朱泥輝映著昏黃的鹵素燈光。茶香飄搖的層櫃右側，擺滿了眾多國外媒體的推薦報導，居然都以漢字「茶葉診所」做為醒目標題，引人好奇。

主人對選茶、藏茶、治茶的非凡功力，也吸引許多愛茶人或企業在此聚會品茗，許多茶藝相關活動也爭相指名在此舉辦，就連日本「朝日電視台」也不遠千里來採訪，使得他的名氣跨越國境。牆上還有他手繪的「台灣各茶區海拔標示圖」，國畫般簡單的線條再以墨色濃淡區隔，讓全球各地的愛茶人都能清晰分辨，連日本出版的台灣茶葉地圖都要求引用。

珍藏阿里山紫霞金光——紫金園

到阿里山看日出，始終深受兩岸三地朋友們的喜愛，不過來自阿里山的「紫金園」主人顏珮衿對此卻有著更深層的解讀。她說日出是阿里山奇景之一，因為「與其他地方的日出絕對不同」——當地鄒族原住民形容太陽的出現像穿著彩衣的新娘，以跳躍方式從彩雲中現身，放射出金橘色的光芒，四季皆呈現不同的景象，而最美的紫霞金光最難得一見。

設於鄰近永康商圈的和平東路上，紫金園典雅的人文氛圍看似茶行卻更像茶館，阿里山的日照不僅加持了偌大的紫色招牌，顏珮衿說自家茶園也每天都受到那一片金色陽光的照護，因此「紫金園」不僅做為公司名，也是茶園的名字，希望每位愛茶人都能感受到那一份溫暖與呵護。

▼紫金園典雅的人文氛圍有來自阿里山陽光的加持。

顏珮衿說祖先在阿里山已默默耕種了兩百六十餘年，一九八二年阿里山公路通車後，平地作物逐漸移往山區，家族也開始栽植高山茶，並於一九八六年創立紫金園製茶廠，也開放為當地茶農代工，成為在地的茶葉生產重心。因此進入紫金園品茗，喝到的都是自家所自種自產的阿里山茶品，每一款都是自然工法栽種、絕無農藥殘留的好茶，得以感受顏家的用心。

顏珮衿說「來喫茶」是台灣人常用來關心彼此的一句話，對於初認識的朋友，簡單的一句話很快就會拉近雙方的距離，也是老朋友之間維繫關係的一種方式。因此紫金園提供的不僅是一個自在的賞茶空間，更希望在人文薈萃的師大文教區，為茶葉飄香增添一份詩情，人情也更暖。

紫金園近年來致力於台灣茶文化的推動，以茶具、茶人服飾與茶席結合人文美學，最近則將版圖擴張至對岸四川省會成都，頗具規模；顏珮衿說「讓每位到訪的朋友都能深刻體會台灣茶的文化之美」，就是她最大的心願。

▲紫金園以茶具、茶人服飾與茶席結合人文美學。

▼文山璞坊兩帖小榻榻米構成的極簡品茶空間。

儘管母親的娘家在龍潭世代種茶，真正愛上茶卻是在留美期間。從就讀淡江大學、成為美國明尼蘇達大學交換學生，到後來前往康乃迪克攻讀行銷與組織傳播碩士，無論在電視所見或周邊的外國朋友，談到的茶品或茶道竟然全都來自日本。有次美國同學前往亞洲旅遊，返美後興沖沖帶回茶品做禮物，居然也是日本的茉莉香片，讓從小在茶葉王國台灣成長的她頗為氣餒，從此立志要行銷台灣的茶文化。

她是羅敏妏，學的是組織傳播，返台後在派拉蒙等外商電影公司擔任排片和劇院管理，一做就是十多年，為台灣茶爭一口氣的念頭卻始終縈繞心頭。三年前總算痛下決心辭去工作，到處拜師學茶，果然在二○一四年間，先考取台灣陸羽茶藝中心的泡茶師證照，之後再勇闖對岸，考取中國國務院頒證的「高級茶藝師」與「高級評茶師」兩項證照。

取得證照後信心大增，對茶葉或茶藝也有一定程度的了解，終於在同年八月，於

▼ 留美歸國十多年總算一圓茶夢的羅敏妏。

住家附近的政大商圈、前往貓空的山腳下，覓得一樓挑高店面，跨出圓夢的第一步。

取名「文山璞坊」，希望能在人文薈萃的文山區，營造一個全然不同於貓空喫茶用餐的「生活茶」空間。看看她門額上偌大的店招，蒼勁的隸書自成一格，就連金石般的識別標誌都深具特色，可說是「大巧若拙」了。趕緊問問出自哪位高人之手，回答居然是「隔壁的阿伯」，當地果然臥虎藏龍，令人不敢小覷。因此儘管離人聲鼎沸的商圈還有段距離，每日來品茶的政大師生或一般民眾卻不在少數。

幾張大型茶桌、相對應的竹榻、老祖母年代留下的陶甕、大大小小的青花瓷罐等，店內陳放了許多老器物。特別的是樓梯下方的兩帖小榻榻米，由老鐵壺、大紅席方與竹席構成的極簡品茶空間，羅敏妏說，泡茶可以用不同型態呈現，無論席地而坐或在家裡任何角落，運用生活中現有的東西，都可以呈現生活茶最自然的一面。

新血注入，貓空再起

▼貓空是從高處觀看輝燦台北夜景的極佳位置。

今年春末，台北市社教館大稻埕茶藝班在木柵貓空舉辦茶會，品飲今春第一道鐵觀音，並與去年冬茶做比較。茶會地點選在中華茶聯前會長張貿鴻設於半山腰的茶屋「空寂雲門」，濛濛煙雨中，鱗鱗千瓣的屋頂浮漾著濕漉漉的流光。七道茶席與窗外淅瀝瀝的雨聲共舞，度過一個茶香曼妙的下午時光。

當時受邀參加的我卻明顯發覺——山上的茶館似乎熱絡了許多，比較這幾年冷清清的寂寥光景，入夜後燈火逐漸璀璨，茶館內用餐與品茶的客人也多了起來，讓我決心花個幾天待在山上詳細觀察，看看原本由炫燦歸於平淡的貓空，是否又將風雲再起？

貓空的崛起約在一九八〇年，當時擔任台北市長的李登輝前總統，在當地成立全台第一處觀光茶園後逐漸發跡。而鼎盛時期則在他擔任總統的九〇年代，由於經常邀請各國元首政要前往喝茶，所謂「上有好者，下必有甚焉者」，經由海內外媒體的不斷報導，貓空很快成了台北人假日或夜晚品茗與大啖山產的最愛，更是從高處觀看輝燦台北夜景的極佳位置。當時大陸或日本友人來訪，都指名要求赴貓空品茶，名氣之大可以想見。尤其循著蚪蚪蟠蟠的產業道路蜿蜒而上，爭奇競豔的茶肆招牌，摩肩接踵的在狹窄的道路兩側排開，醇厚的茶香穿梭其中，最讓外人大呼過癮。

可惜在二〇〇五年至近兩、三年，部分產業道路曾嚴重塌方，貓空纜車也有一

▲木柵貓空是台灣鐵觀音的故鄉。

▲木柵正欉鐵觀音特別注重喉韻，茶湯金黃偏紅而明亮。

段期間因故停駛，加上經營型態長期不變，使得貓空觀光產業大幅受創，昔日山路旁停滿轎車的盛景不再，茶館也日趨沒落，有段時間幾乎被觀光客日漸增多的九份所取代。

不過今天步出貓空纜車站，迎面而來的依然是矗立在三叉路口琳瑯滿目的茶館指示標牌，無論往哪個方向都可以嗅到熱呼呼的茶香——邀月、山水居、貓空閒、煎茶院、上暘、滿庭香、緣續緣、松清園、空寂雲門、光羽塩、張寅茶園、六季春、晨曦、迺乾茶莊、大茶壺、正大、碧雲軒、茶鄉居、自在田、杏花林、映月、紅木屋等，以茶香伴同璀璨燈火，繼續妝點貓空美麗的夜空。

貓空人家大多姓張，少數姓高——據說清朝時福建安溪張姓茶農共九戶勇渡黑水溝，移民來台開墾，其中三戶留在滬尾（今淡水），另六戶則來到貓空。日據時期張迺妙、張迺乾兄弟受木柵茶葉株式會社之託，前往安溪引進鐵觀音茶苗後，貓空成了台灣鐵觀音的故鄉，張姓人家也不斷繁衍、遍布山上至今。因此有人戲稱，在貓空隨便進入一家茶館，喊「張老闆」絕對錯不了。

張貿鴻世代都在貓空種茶，山上茶農或茶館主人幾乎都是親戚，透過他的逐一介紹與導覽，我終於發現貓空再起的重要原因之一——新血紛紛返鄉，注入文創新活水。

守護正欉鐵觀音——空寂雲門

木柵貓空長大的資深茶人張貿鴻，有感於近年對岸輕發酵的綠觀音，或台灣其他品種或製法不同的鐵觀音充斥，憂心以紅心歪尾桃為原料、傳統製程的正欉鐵觀音，會在消費者不知情下，逐漸為山寨茶品所取代。因此致力傳統工序的傳承延續，並不惜放下坐擁豪宅、身躺百萬名床的外貿商身段，到處宣揚行銷，往往讓不知情的茶友誤以為他需錢孔急，而其實是為了守住正欉鐵觀音的最後淨土而奮戰，讓我深深感佩。

張貿鴻說傳統鐵觀音特別注

空寂雲門是貓空頗具特色且讓人深感和敬清寂的泡茶好所在。

▼台北市社教館大稻埕茶藝班
在貓空「空寂雲門」舉辦茶會。

重喉韻，以及焙火產生的熟火香，加以茶葉本身特有的弱果酸味，飲來特別沉穩，從熟香、冷香至杯底香都極富變化。今年穀雨前，我特別與他前往長期配合的木柵觀光茶園，主人張傳進多年來始終堅持不噴灑農藥、不施化肥，堅持全手工製茶，堅持每年僅採春、冬兩季，堅持不種其他非正欉紅心歪尾桃茶種，堅持在大稻埕請老師傳以傳統焙坑炭焙……，所有的堅持，只為了守住正欉鐵觀音的豐姿熟韻，令人深深感動。

涼爽的夜空，我在張貿鴻一手打造的「空寂雲門」茶屋內，品飲剛剛炭焙好的木柵正欉鐵觀音春茶，焙火濃郁的鐵觀音，不僅在口中千迴百轉，將桂花香轉為幽雅的蘭花香，更在唇齒之間留下令人難以抗拒的無限韻味。跟他帶來的兩款非正欉鐵觀音比較，我終於能感受他的執著，更慶幸有人守住這一份獨有的甘醇。

張貿鴻說空寂雲門做為貓空唯一的非營利茶屋，平日不對外開放，僅接受團體預約舉辦茶會或茶葉教學、鐵觀音茶園導覽等。

「潮」世代新容顏——光羽塩

▼光羽塩以大型落地木格玻璃吸納陽光並拉近台北遠景。

位於山腰的「光羽塩」茶館，最早是茶農周圡樹於一九八九年創立的「清心茶坊」，一九九二年由第二代周添榮接手之後，擴大經營規模，同時研發多元的茶餐料理，茶坊也更名為「清心茶園」，可惜至二〇〇四年不幸過世，遺孀繼續做了三年，由於不堪勞累而一度頂讓予外人。

直到去年冬天，原本從事房地產的第三代、三十而立的周建璋，決心返鄉收回店面，光大父親留下的志業。他說從小在貓空長大，看多了茶館或餐廳的起起伏伏，希望能開創不一樣的風貌，吸引更多的年輕客群或外來觀光客，因此特別走「潮」路線，以現代化西式風格的全新外觀與內裝，顛覆傳統茶館的懷舊與幽暗印象。吸納陽光與年輕化的大型落地木格玻璃，更大幅拉近茶館與台北璀璨景色的距離。店名也更名為光羽塩，以新世代的企業化經營方式，結合傳統的飲茶文化，重新創造一個溫暖的山林空間。

走「潮」路線，現代化西式風格的光羽塩茶坊。

▼大茶壺的創意料理茶餐使得阿義師聲名大噪。

近年以茶餐美食而聲名大噪的「大茶壺」，第三代掌門張安義年紀雖輕，卻能精研茶餐創意料理，以茶或花或水果融入傳統美食，近年更屢獲國際大獎——包括法國藍帶美食勳章、亞太區五星白金廚藝榮譽勳章、國際烹飪藝術大師賽金獎、二〇一二海峽兩岸三地名廚廚藝交流賽金獎等，連國際知名電視節目Discovery都遠道來專訪，「阿義師」的名號從此不脛而走，媒體紛紛譽為「混搭廚神」，每天都有各地慕名而來的遊客蜂擁而至，讓貓空重拾昔日輝煌。

其實早在二十多年前，大茶壺就由祖父張阿萬首創。阿義師五歲就失去了父親，由母親茹苦含辛在道觀打工將三兄妹扶養長大，因此他從小就半工半讀，高中讀的是餐飲科，算是學以致用了。生於憂患的他充滿力爭上游的鬥志，加上勤奮打拚，更有母親一路相挺，才能開創今日的盛況。

大茶壺目前一樓由阿義師與母親共同經營，將品茶與創意料理昇華至極致美學的境界，知名菜色如鐵觀音養生雞湯、武夷岩茶燻雞腿、玫瑰玉鑽蝦、四季春茶燜豆腐、日式和風過貓等，都讓人食指大動，正如阿義師常說「自然中嚐見味蕾變化的奢華，平淡中享受口中的層次」。無怪乎無論假日或非假日，大茶壺一樓總是高朋滿座。至於分家後的二樓，則歸嬸嬸高來春，以能俯瞰大台北美景的茶館為號召。

近年以茶餐美食而聲名大噪的貓空「大茶壺」。

歐洲風情品茶香——紅木屋

交棒予下一代年輕人開出璀璨花朵的，還有濃濃歐式風格的「紅木屋」——畢業於餐飲科系、年僅二十六歲的張博竣說，母親於一九八六年從桃園龍潭嫁來山上，雙親就搭建了一棟紅色屋頂的小木屋，開啟了貓空第一家休閒茶館。一九九七年再整修成紅磚建築，貓纜通車後則由他與二弟張桓輔重新設計，裝修為今日的規模。

紅木屋一樓大膽挑戰貓空清一色的茶館氛圍，更希望突破過去「老人茶」的粗淺印象——溫柔的燈光與傢俬擺設展現年輕的朝

濃濃歐式風格的「紅木屋」大膽挑戰貓空清一色的茶館氛圍。

▼紅木屋大視野景觀環繞的地下一樓延續傳統茶館型態。

氣，複合式的店內以咖啡、飲料、中式餐點為主，櫥窗還有不少名酒。自行設計開發的個性玻璃高杯用來品嚐冷泡茶，而誘人的巧克力冰淇淋蛋糕甜點，則佐以近年最夯的鐵觀音紅茶，最能吸引從貓纜車站漫步而來的大小朋友們。

大視野景觀環繞的地下一樓則做為傳統茶館，從樓上的現代氛圍瞬間邁入傳統的時空，二者巧妙連結又互不衝突——紅磚砌成的矮牆與拱柱將時光拉回歐吉桑成長的年代，數十個陶壺點綴的透空高牆，若隱若現將一旁綠浪推湧的茶園襯托得更加動人，令人不得不佩服張博竣的創意巧思。

視野最佳——正大休閒茶坊

堪稱貓空面積最廣、視野也最佳的正大休閒茶坊。

▼在正大休閒茶坊頂層可以獲得最佳視野。

堪稱貓空面積最廣、視野也最佳的大型茶館「正大休閒茶坊」，儘管目前仍由老一輩張有順坐鎮管理，但經營則全然交付下一代。他說「正大」取其正大四方、遠望美景的含意，料理則以白斬雞、茶油雞、茶油麵線、炒野菜等最受遊客喜愛。

為免兄弟日後因利益衝突而鬩牆，張有順將正大交予大兒子張培文，延續傳統的茶餐型態；偌大的建物主體則隔開三分之一交予小兒子張銘忠成立「貓空茶屋 & Café」，融合中西式的現代風格，白色為主體的內裝頗有愛琴海風。他也自行設計簡約卻意象鮮明的商標，以活潑可愛的包裝行銷貓空好茶。二者全然不同的風格與經營型態，卻都經營得有聲有色。

拙樸見真情——迺乾茶莊

▼座落貓空山區最高點的「迺乾茶莊」為張迺乾第三代所經營。

▼迺乾茶莊主人十多年來始終堅持以老茶做為主力。

座落貓空山區最高點的「迺乾茶莊」，正是早年遠赴安溪取回鐵觀音茶苗的張迺乾第三代所經營，堅持先人的遺志，主人張金要面對貓空近年型態丕變，許多遊客到貓空不是賞景就是吃土雞，深恐原有的悠閒喫茶情景消失，因此十多年來始終堅持以老茶做為主力，至今所產製的鐵觀音也依然屢獲大獎，就是希望能夠找回貓空最初的感動。

室外擺設以石材為主、室內則多以原木呈現的迺乾茶莊，感覺上彷彿數十年前的台灣農舍，古老的簑衣與拙樸的茶桌，全然沒有多餘的裝飾，充分展現古早的風味。由於居高臨下，每當夜幕低垂，滿天的星空與台北都會的萬家燈火盡收眼底，適時沏壺上好的鐵觀音，遠離都市的喧鬧，讓飽滿的蘭花香與醉人的官韻漱去腦滿腸肥的貪婪，盡情的徜徉在大自然中，最是愜意不過。

大環境的改變，曾使得頗負盛名的「邀月」茶坊，從一九九〇年代全部一百多桌幾乎天天爆滿的盛況，到一度只有三桌五桌，卻始終堅持二十四小時營業，輝煌的燈火依舊，令人懷念的美食佳餚風味絲毫未減，主人張明貴也依然樂觀面對，讓我深深感動。

多年不見，張明貴特別取出一款茶品與我分享——球型、鐵色的外觀，看似與傳統鐵觀音無異，沸水沖入後卻看見豔紅透亮的湯色，在白色瓷杯中發出東方美人般明顯的蜒仔氣，蜜香與熟果香連袂撲鼻而來。輕啜一口入喉，融合著蘭花香的甜醇飽和度，還有紅茶甜醇的豐姿熟韻等，都讓我大感驚奇。

以開闊、明亮且風格多元著稱的映月茶館。

▼映月茶館以時尚雅緻中國風燈籠妝點山林幽徑。

張明貴說目前貓空種植茶樹品種包括紅心歪尾桃、四季春與武夷種，而鐵觀音每年僅採春、冬兩季製茶，每斤零售價不過兩千四百到三千元之間，未免可惜。因此幾年前有茶農靈機一動，採取將夏、秋兩季經小綠葉蟬「著蜒」危害後的茶菁，以傳統鐵觀音結合蜜香紅茶的製法所成就的「球型」紅茶，不僅堪稱全球僅見，品質也絲毫不遜於近年紅遍兩岸的日月潭「紅玉」，或花蓮「蜜香紅茶」等「條型」紅茶，稱之為「蜜紅觀音」可說實至名歸了。

面對新一代的不斷挑戰，張明貴也在貓空的另一頭「猴山岳」成立開闊、明亮且風格多元的新穎茶館，與邀月遙遙相望，因而取名為「映月」。

相較於邀月的古樸自然，映月則以時尚雅緻的中國風燈籠妝點山林幽徑，並透過大片落地窗設計迎接跳躍的陽光與一整片浩瀚的盎然綠意，夜晚更成了貓空觀星的最佳據點。

由於地處空曠，映月擁有容納數十輛轎車的停車場。儘管距離貓空纜車站甚遠，卻能以典雅的格局、寬敞的品茶與用餐環境，吸引許多茶人饕客開車前來。

山下的紅磚古厝——醇心找茶

▼醇心找茶整間紅磚古厝並不起眼，名聲卻跨越兩岸。

▼高闕勝夫創作的茶壺、杯具、壺承以及花器。

來到山下，位於國立政治大學對面的萬壽路不遠處，整間紅磚的古厝並不起眼，名聲卻跨越兩岸，「醇心找茶」主人高闕勝夫說自己並非日本人，而是複姓罷了。他說祖先留下的土角厝在木柵動物園興建後被徵收拆除，舉家遷至萬壽路。一九九九年母親過世後，他毅然結束繁忙的事業，將這棟六十年的老屋改造成茶館，恬淡經營至今。

高闕勝夫坦承山下的過路客不多，平日多為熟客或朋友間口耳相傳推薦而來，不過手做的茶品卻能不斷行銷到對岸，讓對岸學者或領導如杭州市長等慕名而來，讓他頗為自得。他說自己曾向陶藝名家呂嘉靖學陶，因此店內也有不少自己的作品，包括柴燒茶壺、杯具、壺承以及花器等。

古蹟活化再現茶香

▼由公賣局酒廠變身的台北市華山創意文化園區不時可見茶文化飄香。

▼座落幽靜的北投山腰、綠意環抱庭園中的北投文物館。

古蹟活化的議題近年逐漸發燒，注入文創新活水後，不僅讓古蹟再次展現生命力，也帶來了無限商機，廣增財源收入。

台北市就有八德路公賣局酒廠變身的「華山創意文化園區」、紀州庵料亭變身的「文學森林」、財政部舊有日式宿舍變身的台北茶館文化先驅「紫藤廬」、因電影《艋舺》而聲名大噪的「剝皮寮」、西門鬧區的「紅樓劇場」、「北投文物館」，以及圓山基隆河畔的「台北故事館」。而在中南部，則有台南「吳園」內的「十八卯」、日據時期台中練武場蛻變的「道禾六藝文化館」等。

山林幽境中的侘寂之美——北投文物館

老舊的木造窗格輝映著初冬的陽光，將周遭流動的場景細細碎碎剪影在玻璃上，這是台北最有茶味的歷史建築，座落台北市北投區幽靜的山腰、綠意環抱庭園中的「北投文物館」——從日據時期的一九二〇年代至光復初期，始終都是官商雲集、人文薈萃且幾乎夜夜笙歌的場所。至一九九八年經台北市政府列為古蹟，並於二〇〇八年完整修復後，吸引全球各地無數的愛茶朋友前往朝聖。

北投文物館是台灣碩果僅存、唯一純木造的二層日式傳統建築。前身為日據時期北投最高級的「佳

北投文物館是台北獨一無二的傳統日式二樓木造建築瑰寶。

山」溫泉旅館，當時不僅曾做為日本軍官俱樂部，二次世界大戰末期還曾做為神風特攻隊的度假所。

目前由財團法人福祿文化基金會經營管理，做為結合歷史建築、茶藝與文化藝術展演的北投文物館，內容涵蓋了文物展覽、藝文表演、會議宴席、創意懷石料理、日本茶道體驗課程等。

洪侃副館長說文物館共有「佳山八景」，一景即廊道之間設置的日式禪風庭園「枯山水」，所謂「心澄別有天」，包括方形的水葉庭及長形的澄心庭。他說傳統日式庭園造景原本多以大石象徵山、海島或船隻，白色的小細石則象徵海洋或河流。但文物館的枯山水卻加入了大量台灣特有的植物造景，營造出富饒的寶島與海洋澎湃且不失幽雅的意境，令人激賞。

洪侃表示，北投文物館室內空間以最傳統的日式「書院造」為主要風格，包括由禪宗僧房佛龕發展而來，擺設書畫、卷軸與藝品的「床之間」；陳列小品的「違棚」，以及不斷有陽光透過紙窗灑落的凸窗空間「付書院」等。

▼北投文物館內的日式禪風枯山水庭園「水葉庭」。

▼北投文物館內由關宗貴教授指導的日本裏千家抹茶道。

為了發揮日式建築的茶室功能，館方還特別邀請日本裏千家茶道的關宗貴教授，每月舉辦日本抹茶道培訓，在細膩的日式古蹟空間內，體驗日本茶道宗師千利休傳承的「和、敬、清、寂」意境，並領會「本來無一物，無一物中無盡藏」的禪意。而社團法人台灣裏千家茶道北投協會也設在文物館內，在日本裏千家總部登錄為「茶道裏千家淡交會北投協會」。

北投文物館洪侃副館長說，出自莊子名句「君子之交淡如水」的淡交會，認為朋友相交以平常心而不執著，就如潺潺流逝涓涓而去的流水，意味著茶禪一味的精神。

話說關宗貴教授頂著八十四歲高齡，每月隻身從日本橫濱遠道來台傳習茶道，十年來從未間斷，還要攜帶各種茶食茶具，大包小包提上飛機，令人深深感佩。儘管已八十四歲，關教授至今仍氣色紅潤、目光炯炯有神，談話中氣十足，問她如何保養？她說最重要是每天心平氣和、從不動怒，以優酪乳加芝麻、香蕉為早餐，且每日必飲一杯咖啡，讓一旁的學員們都笑得開懷。

洪侃同時也告訴我，不同於表千家家元（即掌門之意）多為鑑賞家或收藏家，講究器皿的華麗尊貴；裏千家比較追求佛教禪宗的「侘寂之美」，強調簡樸、自然甚或缺陷之美，因此茶席上並不講究茶碗的華麗典雅，而更品味器物本身的純樸風情。即便插花也很少看到大把豔麗的花束，而是根據不同季節所隨意摘得的

北投文物館入口左側精緻日式茶餐廳「怡然居」。

▼日式建築特別強調水平的觀看角度。

▲文物館左側的別館「陶然居」。

▼北投文物館有日據時期珍藏至今以手繪貼絨的台灣茶海報。

小花，按真、行、草三種不同形式擺設出極簡卻不失優雅的氛圍。

關教授說，茶道最大的意義就是要鍛鍊人的品格或身心，達到盡善盡美至「和、敬、清、寂」的境界，進而體會「本來無一物」與「無一物中無盡藏」的濃濃禪意。主客珍惜相聚的機會，從茶室的擺設、器具的講究，達到用心的極致。

擔任泡茶的亭主與協助端茶的半東兩人，必須先在傳統和服胸襟上插著懷紙與古帛紗，前者為品嚐和菓子時用，後者做為杯墊。但見亭主先行熱茶碗、再從漆器製成的精緻茶棗（即盛茶的小罐）取出綠茶粉，以杓注入沸水後用茶筅攪拌，一盞噴雪浮甌的抹茶便呈現眼前。

而唯恐賓客品茶時感覺苦澀，半東會先奉上懷紙上的和菓子茶點，適時引出抹茶的香味；再將茶碗主花紋對著賓客奉上，客人接過茶碗後必須先以順時鐘方向轉兩次，讓主花紋向著主人，然後慢慢喝下茶湯，飲罷再以逆時鐘方向轉兩次，讓主花紋對著自己，同時仔細欣賞花紋的美。

料亭變身文學森林——紀州庵

驟雨稍歇，連日來被擠壓得喘不過氣的晦澀天空，午後總算鮮活的復甦起來，露出難得的笑靨。淡淡的陽光正透過寬闊的大格窗子射向桌面，在沙漏流向三分之一刻度的瞬間，老作家正舉起燒水壺，用沸水沖出陣陣茶香，帶著阿里山霧嵐滋潤的山林之氣，盡情融入周遭濃密的書香之中。

這是台北最新一處風景，也是台北愛茶人同時擁抱書香與茶香的最新地標——台北市定古蹟「紀州庵」。經台北市政府文化局斥資一千六百多萬元、歷經十年修復的「離屋」日式建築，已

二〇一四年五月正式啟用的台北市定古蹟紀州庵舊館與新館。

▼紀州庵修復後的離屋日式木構建築與周遭的公園綠地。

於二〇一四年五月正式啟用，將與「紀州庵文學森林」中已營運兩年的新館、公園綠地等結合，在綠意中環抱愜意空間，正式以古典與現代交錯、書香與茶香共舞的氛圍，開啟嶄新的一頁。

紀州庵可不是尼姑庵，在一九一七年的日據時期，它可是最受日本人喜愛的水岸休憩區「川端町」內，由日本平松家族經營的著名料理屋，座落台北城南、新店溪畔（今天的同安街底、水源路旁）。當時聚集了許多料理屋、茶館、藝伎館，吸引不少日人在此宴客飲酒，不僅深受日本高階軍官喜愛，由於距離南機場頗近，二戰末期也曾做為神風特攻隊受賜天皇御酒的所在。

追想半世紀前的文學風光——日本著名現代詩人北原白秋於一九三四年訪台時，曾在紀州庵接受台北鄉土歌謠研究會「若草

▼紀州庵為台灣少見的日式建築空間類型。

會」招待晚餐。戰後由省府接管為公家宿舍，六〇年代逐漸轉化為現代文學重鎮，以紀州庵為中心延伸至廈門街、牯嶺街一帶，文學報刊及出版社林立，孕育出林海音、余光中等多位現代文學作家，而爾雅、洪範、純文學等出版社也不約而同設立於此。其中小說家王文興還曾定居於紀州庵，著名小說《家變》就是以此處為背景撰寫；可說文學氛圍十足。

可惜一九九〇年代的兩場大火，讓紀州庵本館與別館付之一炬，只留下「離屋」日式建築。因此紀州庵於二〇〇四年被台北市政府指定為市定古蹟，就特別將此地規劃為「台北文學森林」，園區分為四個部分，分別是紀州庵本館、紀州庵新館、公園綠地與停車場。可惜因部分住戶不願遷離，因此古蹟重建工作一拖再拖。反倒是隸屬財團法人台灣文學發展基金會下的「文訊雜誌社」，於二〇一一年六月與台北市文化局完成簽約，接手紀州庵新館的營運。直至二〇一四年五月正式啟用修復後的離屋，總算重現風華，為台灣少見的日式建築空間類型。

開館後的「紀州庵」，將展示原有老物件，敘說歷史故事及修復歷程；還把戲劇、偶戲等主題與文學結合，不定期舉辦各式親子工作坊、表演與講座等活動。

由《文訊》雜誌接手後，除了一樓大廳不定期推出各種文學展、二樓演講廳與三樓教室經常舉辦各種文學講座外，一樓左側做為「文學茶館」，讓朋友們在濃濃文學芬多精的薰陶下，看展覽、聽講座、品好茶。

可容納市民休憩及各種活動的紀州庵大廣間。

見證台灣茶葉的輝煌——台北故事館

台灣茶葉在清朝中葉以迄日據時期，曾經風光行銷海外五十餘國，不僅締造了北台灣的經濟蓬勃發展，也造就了大稻埕富可敵國的茶商無數，至今仍留下許多風格獨具的西式洋樓，見證台灣茶葉曾有的輝煌。於日據時期大正三年（一九一四）建成的「台北故事館」，就是當時擔任茶商公會會長的大稻埕茶商陳朝駿所建造的休閒別墅，兼做招待南洋貴賓訪客之用，據說革命期間的國父孫中山先生與胡漢民都曾是當時的座上客。建築物採英國都鐸樣式建造，別具風格，曾有「台

具有近百年歷史的老房子「台北故事館」曾有台灣百景之最美譽。

灣百景之最」的美譽。

這棟位於基隆河畔的台北市立美術館旁、具有近百年歷史的老房子，從日據時代到國府遷台，曾默默的見證了台北城的成長與變遷，其間也曾數度易主或易名，或做為圓山別莊，或為前立法院長黃國書的私宅。數年前經台北市政府訂為三級古蹟後重新開幕，正式稱為台北故事館，由前國家文化藝術基金會執行長陳國慈認養經營，首開「私人認養」古蹟的先例。

陳朝駿當年興建別莊時，正是西風東漸、台灣茶業外銷達於鼎盛的時代，當時從基隆河乘船可通往商業中心大稻埕，今天美術館的一部分也曾是他的後花園及私人跑馬場。今日登上二樓在小洋台眺望基隆河，以及日治時代的「台北神社」（圓山飯店現址），遙想二十世紀初期，萬船齊發自大稻埕碼頭浩浩蕩蕩滿載茶葉經此前往淡水港，而意氣風發的富商巨賈或金髮碧眼的洋人買辦則在此登岸前往別莊，抑揚有致的聲腔迴盪在石階牆垣的杯觥交錯之中，時空儼然拉回舊時的繁華夢境。

因此台北故事館重新開幕以來，除了透過老照片和老故事，一起見證並懷念台北城的歷史風華外，館內也在庭院茶會區規劃系列茶文化推廣活動，包括故事茶會、茶藝表演、茶道欣賞、茶葉講座等，邀請大家一起來此聽故事、品茶香，追憶過去的生活點滴。

鬧區中的文化傳承——西門紅樓

座落台北西門捷運站「西門徒步區」出口、成都路口的「西門紅樓」，距今已有近百年的歷史，它曾是全台灣第一座示範性的公營市場，也曾是說書與表演藝術的重鎮，還曾是西門町的電影娛樂中心，卻在七〇年代以後逐漸衰微而幾乎遭人遺忘。所幸一九九七年經公告為三級古蹟，台北市政府原規劃為「電影博物館」，二〇〇二年變更規劃為說唱劇場，由市府文化局先委託財團法人紙風車文教基金會承接古蹟再造的重任，多年後再交予台北市文化基金會經營管理。

西門鬧區的紅樓劇場距今已有近百年的歷史

紅樓今天已成功的再現當年的絕代風華，為傳統與發展找到了新的出路；許多創意得以在此被激發、被嘗試、被完成，讓文化藝術融入鬧區，成為深受各階層喜愛的休閒中心。除了傳統戲劇、說唱藝術、兒童劇場等不下數百場的演出外，也有偶像團體或個人的演唱會，呈現多元繽紛的劇場新氣象。平日更成了文化人以及記者會、流行時尚發表會的最愛。

紅樓劇場特殊的「八角型」紅磚建築，是日據時代日本年輕建築師近藤十郎來台一展抱負的代表作，也是台北僅存的紅磚樓；當時的創意與膽識在百年之後的今天，依然稱得上是一場精湛的建築演出吧？更由於基金會的努力，歷經歲月風霜沖刷洗禮的紅磚外觀，依然能保有百年傳承的婉約之美，繼續向人們訴說著許多陳年舊夢。而飽含滄桑的簡樸窗櫺、內部雨傘骨般放射狀的鋼骨桁架屋頂，以及無一梁柱的空間特色等，透過藝術家的創意發揮，使得整棟建物充滿飛揚活潑的意象與盎然生氣，也為古典與現代交會的浪漫更添風采。

台灣茶文化的活古蹟——紫藤廬

▼紫藤廬是許多台北人熟悉的一處風景與記憶。

▼紫藤廬三十年來始終扮演著文化傳承的重要角色。

陽光穿透紫藤的綠蔭滿懷，灑落的光線像透明的魚一樣游入小巧的水池庭園，石桌上沸騰的茶壺正輕輕抖落殘留的水珠，這是不少台北人熟悉的一處風景。從一九五〇年代財政部的日式宿舍，在一九七〇年代中期變成了作家口中「藝術家的人民公社」，更在一九八〇年代初期成為台北茶館文化的先驅。

今年已超過三十歲的紫藤廬，堪稱台灣茶文化發展最重要的「活古蹟」了。以庭院裡幾株九十歲的老紫藤為名，它不僅僅是一座茶館，也是全台灣第一處市定古蹟，更是台北市第一處以「人文歷史精神」及「公共空間內涵」為特色的活古蹟。三十年來，不知陪伴過多少文藝青年在此成長，多少新銳藝術家在此發表或舞蹈或劇場或繪畫新作，多少民主人士在此凝聚理念，甚至還有不少

▼紫藤廬不僅是茶館，也是文人口中一間會呼吸的房子。

老外在此領會茶藝的生命。與其說主人周渝是茶藝館鼻祖，毋寧說他藝術家的浪漫打造了台北茶館的傳奇，要來得更為恰當吧？

早期的周渝對於民主與藝術人文懷抱著極大的熱情與理想，周渝說茶藝離不開儉樸，過於經營茶具並不符合茶性；構成茶藝的機制在於自我反省與創造，反省是一種修養，現代文明則需要快速的創造，創造可以帶來商業，少了這兩樣，文化可能只是一種包裝，內容就會單薄。因此儘管社會不斷變遷，炫麗的聲光正逐漸取代傳統的樸實風貌，但紫藤廬三十年來始終如一，堅持做為「一間會呼吸的房子，在喧囂急促的台北城中緩緩吐納著茶氣」。

周渝說「在一個茶藝世界中，沒

▼紫藤廬的展覽空間提供藝術與茶文化交融的橋梁。

有一樣東西只是工具，它們都具有自身的氣質與美感。茶人與每個存在的物發生對話，同時尋求物與物間，或物與環境間和諧、優美甚至有時令人驚奇的關係」；「置放一個老甕、一些枯枝、一盆花或盆栽、一張桌子、一塊石頭、一幅畫……欣賞光影的變化，氣息的流動」等，正是紫藤廬屹立台北三十年的最佳寫照。

紫藤廬在一九八一年正式開店營業，曾帶動台灣茶藝館的風起雲湧，儘管在九〇年代末期茶館趨於沒落，周渝卻不以為意，他認為茶藝館領導茶的發展只是一種偶然、一種短暫的現象。茶藝館的衰退是因為沒有進步，反而讓許多家庭的客廳從視聽走向為茶間，茶藝從茶館走進家庭，將是茶文化發展必然的趨勢。

一九八一年就以「自然精神再發現、人文精神再創造」理念，營造台灣第一所具有藝文沙龍色彩的人文茶館，不斷以茶為媒介，與音樂、舞蹈、傳統曲藝等互動，深拓了台灣茶藝的多元樣貌，提供了茶文化可以呼吸、可以充滿生命律動的空間。

私塾、賞畫、品好茶——台北紅館

台北紅館座落的紅磚區是華山園區最亮眼的文化展演場域。

▼台北紅館是可以賞畫賞器、聽講座、看展演、習茶藝的茶文化空間。

從華山文創園區緊鄰杭州北路的側門進入，早年華山酒廠的西隅，也是過去台灣樟腦工廠最大集散地——六合院格局的六座紅磚建築，如今已成為園區最亮眼的文化展演場域，在一株株古老雀榕樹的掩映下，「紅館私塾」的告示不斷吸引路過的民眾進入。推開咿呀作響的木門，三五個茶人正開心的品茶聊天，與牆上的名家畫作以及櫥櫃內的創作茶器，共同撐起光影錯落的挑高梁桁。

這是華山文創園區內，唯一可以賞畫賞器、聽講座、看展演、習茶藝，茶文化氛圍十足的「台北紅館」，不同於閩南風格的紅磚院落，而是洋溢異國風情的磚房，也是多功能的展演空間——二〇一二年十月正式開館以來，六十九坪偌大空間已辦過數十場的茶器、繪畫、攝影展覽，以及茶陶、茶藝文化的相關教學講座，還有多場茶與音樂的盛饗。

主人黃寤蘭是資深藝文記者，在國內藝文界頗具分量，她說紅館除了長期陳設茶器、漆器、花器等藝術家的專櫃，推廣台灣文創產業，也開放場地租借。希望藉由多方的能量一同打造，開創人文、藝術、活化生活品質的境界。

台北紅館不同於閩南風格的紅磚院落，反倒是具有異國情味的磚房。

第二章 新北都

園林、禪風與懷舊茶情

▼古琴與茶香相伴的板橋廣雅草堂。

已從台北縣升格為直轄市的「新北都」，是台灣茶最早的發源地，包括深坑、石碇、坪林等區的文山包種茶，三峽區的綠茶、石門區的紅茶與鐵觀音等。

▼板橋逸馨園沿湖設計的迴廊與獨立私人包廂。

早在清朝同治四年（一八六五），英商杜德（John Dodd）來台考察樟腦產區情況，發現文山地區茶叢茂盛、茶質優良，因而從福建安溪購入大量茶籽及茶苗，貸款分配給農民種植，並收購粗製茶運往福州精製後銷往海外，堪稱台灣經濟茶葉的濫觴，締造了Formosa Oolong Tea——即「福爾摩沙烏龍茶」的輝煌。

歷經清末、日據時期至台灣光復初期，無論烏龍茶、綠茶、紅茶等，都曾是台灣外銷最亮眼的產品，所謂「南糖北茶」，新北都茶葉至今已風光出口一百四十五年；儘管今天優勢不敵中南部高海拔茶品，但樂天知命的茶農依然繼續耕耘，充分結合地方特有的湖光山色，創造出獨特的茶品。愛茶人也不斷在各區打造各具風情的喫茶空間，令人深深感動。

夜市中的江南園林——板橋逸馨園

很難想像在人聲沸騰、大小攤販吆喝叫賣的夜市中，還有這麼一座大型園林式茶坊，十七年來始終屹立不衰，提供都會男女一個可以舒適飲茶的空間，更為人車擁擠的板橋鬧區守住一份茶情。

這就是南雅夜市中的「逸馨園書香茶坊」，創立於一九九七年，向以優美的江南庭園式造景、小橋流水、垂柳、景觀瀑布、潺潺流水等聞名，占地八百坪的偌大空間，不僅可以舉辦百人以上的茶席或會議，或在湖畔餵食成群的錦鯉；沿湖設計的獨立私人

座落板橋南雅夜市的逸馨園古色古香的大門。

包廂更可以促膝深談。門外古意盎然的迴廊，以及窗外人工湖畔的垂柳，最讓人感受「柳暗花明又一村」的驚喜。

▼逸馨園以優美的江南庭園式造景著稱。

其實在過去茶藝館鼎盛時期，北台灣幾處「耕讀園」也多以同樣的格局聞名，但女主人陳秋霞說，逸馨園與耕讀園最大的不同，在於設有大型的親子用餐區與遊戲區，讓大人可以安心品茶，小孩一樣可以玩得盡興，因此可以普受歡迎而不斷成長；尤其兒童從小在茶氛圍十足的空間嬉戲成長，長大後對茶文化自有一份眷戀與感情，十七年來從在遊戲區嬉鬧的孩童，成長為專注品茶的大人，例子不勝枚舉。顯然茶文化往下扎根，逸馨園也扮演了重要角色。

下次前往南雅夜市，逛累了，不妨停下腳步，走進喧囂中寧靜的桃花源，無論品茶或享用套餐，在古松、垂楊、曲徑、水塘，以及紅燈籠環抱的古色古香木建築之間，享受一下慵懶且悠閒的時光。

古琴悠揚伴茶香——板橋廣雅草堂

廣雅草堂品茶空間充滿濃厚的人文氣息。

▼廣雅草堂主人王杰親自為茶友煎水泡茶。

板橋重慶國小對面，不經意被悠揚的古琴聲所吸引，推開門進入寬敞潔淨的空間，茶品、茶器與字畫在燈光溫柔的照射下，瞬間拂去門外的喧囂與躁熱。看到有人走進，長髮飄逸的女主人笑盈盈的站起來，琴聲戛然而止，取代的是她親手沖泡的一壺上好鐵觀音，醇厚的官韻與悠揚的蘭花香，在唇齒與喉間瞬間甦醒，令人感受格外愜意。

還在唸高中的大女兒接著點上一抹沉香，古箏叮咚的悅耳琴聲再度響起，悠揚的樂音與茶的美麗結合，加上茶桌上以毛筆書寫的茶詩，共同譜出琴茶一味的清幽空間，心情也不自覺放鬆下來，將沉澱累積的生命感動自然呈現。

主人是來自湖南的美女王杰，嫁來台灣後儘管並不順遂，卻毅然扛下家庭重擔，獨自扶養兩個女兒。近年由於愛上台灣茶，不僅積極拜師學茶學琴，還能以無比優雅的身段沏出一壺壺好茶，令人深深感動。

「廣雅草堂」儘管開張不久，卻已為新板特區熙來攘往的繁華，帶來琴茶和鳴的一方天地，吸引周邊大樓林立的住戶與遠道而來的愛茶人。

俯瞰台北滾滾紅塵——新店山頂茗蘆

簡單的木屋內沒有太多的裝潢，且無大眾運輸工具可達，卻總是吸引了眾多的遊客與愛茶人前往。座落新店花園新城後山之巔小粗坑的「山頂茗蘆」，除了品味主人高泉坤親手烘焙的茶品，還有春天開得璀璨的櫻花、五月滿山遍野的油桐花、深秋紅得過火的楓葉；而最大賣點則來自網友們普遍讚嘆為台北最佳觀賞夜景地的露天茶座。

來自北台灣最早的種茶世家，曾經當過郵差的高泉坤，經常會不厭其煩的攤開日據時代繪製的「文山區產業地圖」，娓娓訴說當地輝煌的茶業史。可惜今日小粗坑茶園大多已消失殆盡，高家茶園當然也不復存，子弟中僅他繼續留守家園開設茶館。

每年陽明山花季尚未登場，山頂茗蘆周

茶香與大台北璀璨夜景共舞的山頂茗蘆。

邊的櫻花總是搶先盛開，約莫從一月中旬起。開車從新烏路直上花園新城，列隊簇擁的一排排富士櫻，就分別自兩側恭謹的彎起亮麗動人的粉紅隧道，為春天揭開最璀璨動人的序幕，並在驅車直上山頂茗廬後閃亮聚集，一簇簇粉紅駭綠的櫻花叢更將絨絨草坪妝點得熱鬧繽紛。

▼向晚時分置身山頂茗廬宛如蓬萊勝境。

在山頂茗廬俯瞰大台北，天氣好時還能直眺觀音山與淡水。從向晚時分開始，霧靄環抱的櫛比鱗次高樓大廈若隱若現，待夜幕低垂，璀璨的台北夜景更教人陶醉。

五月底驅車上山，蜿蜒的山路上盡是桐花飛舞飄落，五月雪的繽紛尚不及在相機螢幕上停歇，陣陣茶香又從木屋頻頻放送。號稱「烘焙達人」的高泉坤，除了山頂上還留有一小撮茶園供朋友們DIY體驗製茶外，來自文山地區的包種茶、白毫烏龍以及鐵觀音、普洱等茶品，總是在一座座大型烘焙機內轉化為香氣四溢且健康無毒的茶品。木屋內隨處可見的大型陶甕珍藏的老茶，他也不吝於與慕名而來的愛茶人盡情分享。

茶禪一味的夢幻組合——汐止食養山房

嚴格說來，「食養山房」並非茶館，而是以台灣風味的懷石料理與獨特的禪風意象，在兩岸都頗負盛名，往往提前一個月預約還不見得能夠訂得了餐。

人稱「林老師」的林炳輝一手打造的山林勝境「食養山房」最早成立於新店，二〇〇五年搬到陽明山松園舊址，二〇〇九年十二月再遷至汐止汐萬路至今。始終呈現文人理想化的生活情境，以及追求閒適、真趣、清賞的氛圍，還能在淡淡茶香中，聽見潺潺水聲與窸窣蟲鳴。

以偌大的透明玻璃落地窗與山林對望，典雅簡約的裝潢擺設，處處洋溢的古意禪風，厚實的原木桌椅與骨董傢俱，加上走道與牆上的大幅書畫掛軸，垂落的紙

食養山房獨特的禪風意象，在兩岸都頗負盛名。

▼食養山房以偌大的透明玻璃落地窗與山林對望。

製燈籠，濃濃的東方風情，讓人忍不住要在餐桌上擺上茶席，為自己沏壺好茶。

食養山房沒有菜單，融合了台式、中式、日式、西式等料理手法，精選天然食材，並隨時令季節變化，推出一道道創意佳餚，往往帶給賓客出乎意料的驚喜。林炳輝說他講究的不僅是菜色的精美與細膩，餐廳及庭園中，宛若南宋水墨山水那虛幻、飄渺、蒼茫與簡潔的悠遠意境，更是東方文化底蘊細細流轉的最佳詮釋吧？

延續著這樣的精神，食養山房近年又另闢「六號茶室」，以極簡的裝潢布置，偌大且靜謐而開放的空間，加上茶禪及雅樂的展演，呈現「茶禪一味」的夢幻組合——依賓客喜好選用茶種，以純淨山泉水沖沏，搭配手工現做的輕食。或由琵琶、古箏、古琴、簫、笛等中國國樂名家演奏，配合茶飲賦予不同樂音，讓人徜徉在大自然的呼吸中，邀茶與樂音、山林共舞。

日本古美術沸騰一壺茶香——汐止宗慶屋

▼宗慶屋女主人朱芃霏以日本精緻小茶器組泡茶。

寒冷的冬夜，無煙的龍眼木炭在火塘內燒得通紅，幾位好友就圍坐暖烘烘的四周，看著主人從垂掛的自在鉤取下鐵壺，用滾燙的沸水倒入陶藝名家翁國珍的柴燒壺內，沖泡剛剛取得的木柵正欉鐵觀音冬茶，當茶香四溢，捧著桃山時代的織布燒陶杯，約莫有三百年以上歷史吧？將飽滿的蘭花香一飲而入，從手心一路溫暖到心底。

這是宗慶屋，既非茶行也不是茶館，但在滿坑滿谷的日本老鐵壺與銀壺之間，斗大的「日本古美術」招牌卻掩不住每天濃濃的茶香傳遞。主人蕭銘煌與朱芃霏伉儷常說「茶器就是要經常使用才能凸顯真正的價值」，因此無論在偌大的火塘四周，或門口每天變換不同茶席的老紅木茶桌，不時可見煮水用的大國壽朗鐵壺、大碗喝抹茶的江戶時期青木木米手製茶碗，甚至十八世紀日本金工名家藏六初代鍛造的龍紋鳳首銀壺等等，都被主人毫不藏私的拿來泡茶分享，讓經常受邀登門品茶的阿亮不僅受寵若驚，也用得膽顫心驚，深怕一不小心就弄破了價值不斐的老茶碗，或刮傷了光澤亮麗動人的銀壺。

近年茶文化蓬勃發展，對岸經濟快速崛起又創造了不少炒手買家，日本老鐵壺和銀壺被炒得震天價響——儘管中國早在五百年前的明代，民間就已經普遍使用鐵壺，但今天市面上所流行的鐵壺，或不斷轉手炒作的老鐵壺，幾乎都來自日本。

至於以手工鍛造、過去只有貴族才能使用的銀壺，以造型端莊古樸、優雅貴氣，且柔韌極富張力著稱，當然更炙手可熱了。日本銀壺大多始於江戶時期，傳

宗慶屋內經常有茶人圍坐火塘以自在鉤煮茶。

▼宗慶屋店內的大國壽朗鐵壺（左）與永昭堂的心經鐵壺（右）。

承至今三百多年間，留下許多質地細膩、造型幽雅的精品，成了藏家競相蒐羅的目標，驚人的飆漲幅度更超過鐵壺。

不過，二〇〇三年以前甚至更早的時候，無論老鐵壺、銀壺或其他與茶道相關的日本古美術品，無論在日本或兩岸均乏人問津，價格甚至還不及中國宜興出廠的一把制式標準壺。當時在中華賓士汽車任職業務、收入並不算太優渥的蕭銘煌，卻基於喜好而瘋狂蒐羅，意外成就了退休後的大事業。

蕭銘煌說自己在二十多年前，由於篤信佛教日蓮正宗而經常前往日本「團參」，因而從一九八三年開始，逛遍京都、東京、大阪等地的古物店，以有限的閒錢購買喜愛的鐵壺、銀壺、自在鉤、浮世繪、火鉢、蒔繪漆器等古文物。年份從江戶時期、明治期間到昭和時代，數量多到足以開個展館。

因此二〇〇四年退休後，在汐止家旁租了間店面開設「宗慶屋日本古美術店」，立即一炮而紅。儘管當時老鐵壺在兩岸才初試啼聲，但蕭銘煌說以台幣一萬六購入的一把鐵壺，隔年就以二萬五售出予同好，甚至在不久後售出十七萬的天價。後來不僅知名收藏家王度在國立歷史博物館的展覽向他買了不少鐵壺銀壺，獨有的早年收藏也屢經兩岸或日本出版社相中，經常登上名壺事典或專書。

宗慶屋店內金壽堂創辦人雨宮宗兵衛鐵壺以純銀壺蓋與壺鈕為特色

▼宗慶屋收藏的桃山時代（約三百年）織布燒陶杯。

▲宗慶屋收藏十八世紀日本金工名家藏六初代鍛造的一把龍紋鳳首銀壺。

朱芃霏說，宗慶屋藏品從平價、中上至高端精品，可以一次滿足各階層藏家的需求，蕭銘煌則表示市面珍品已逐日減少，即便今天未成交，明日還有更大增值空間，使得他能悠遊自在的繼續買壺、賞壺，甚至還有空閒可以到北海岸潛水，或邀集好友們在店內圍坐火盆四周，以龍眼木炭、自在鉤、鐵壺等煮茶論劍，好不快活。

蕭銘煌說今天的兩岸市場，日本鐵壺多以京都鐵壺（簡稱京鐵）或南部鐵壺（簡稱南鐵）為主流，尤其早期京鐵著名的「龍文堂」、「龜文堂」、「金壽堂」更是炙手可熱，還有各自的系統或代工，如龍文堂系的金龍堂、青龍堂、光龍堂；金壽堂系的金青堂、金觀堂、金玉堂等。其均以生鐵為材質，但唯恐蒸氣薰蒸導致鐵蓋生鏽，因此壺蓋大多為銅質，此外還有所謂「七寶銅蓋」，由七種金屬熔鑄車製而成，至於名家打造的純銀壺蓋就更為稀有珍貴了。

話說龍文堂創始於江戶末期（約十九世紀中期），以脫蠟鑄法聞名，即鐵壺鑄造後必須敲碎模具才可取出。而南部鐵壺則是岩手縣的地方特產，至今已有四百年歷史，以「盛榮堂」、「盛峰堂」、「千草」等最具規模。蕭銘煌說老鐵壺或銀壺的不可再造性與稀有性，決定了甚大的增值空間，且愈是名家手做或有落款的精品，升值空間愈大，例如龍文堂的安之介、大國、上田照房、井上；龜文堂的波多野正平、梅泉、鈴木光重、淡海秀光；金壽堂創辦人雨宮宗兵衛，或藏六、大國壽朗等，今天身價多在數十萬至數百萬之間，對岸價格則更高。

茶席營造生活美學空間——淡水乾雅堂

跟吳開乾認識是在「華山紅館」舉辦的「平溪窯八人展」，當時他擺設的茶席上，有他自己製作的普洱茶膏，經陶藝家翁國珍介紹，知道他也畫畫、捏陶、品茶、玩古樂，長年吃全齋，還會幫人算命，應該是十分有趣的朋友了。

後來在麗水街的「梅門」又經常看到他的身影，他說已將「藝享空間」從淡水老街搬遷到國家一級古蹟紅毛城對面，與潮起潮落的淡水河口共同守候夕陽的美麗餘暉。除了原本的「生活藝術美學分享空間」，又以自己與妻子游雯雅的名字改名為「乾雅堂」，並積極創作柴燒茶器，繼續為茶文化盡一份心力。

▲乾雅堂以人文、創意時尚結合科學養生與朋友共享。

▼乾雅堂大門吳開乾親繪的漫畫版門神最吸引路過民眾目光。

走進乾雅堂，最吸引路過民眾目光的，應該是大門口由他親筆手繪的漫畫版門神了，推開咿呀作響的木門，不算太大的空間裡擺滿了各種茶器、古樂器與字畫，吳開乾說他希望透過茶席文化的推廣，與藝術文化創意賞析，為生活美學的提升盡一份心意；並以人文、創意時尚結合科學養生與朋友共享。隨即取出了自己精心製作的金箔普洱茶膏沖泡，在黝黑濃郁的茶湯中，聽他以十分特殊的古樂器敲出娓娓動人的樂音，伴著後方寬廣的淡水河出海口傳來的潮聲，最是愜意不過。

陶瓷之都尋茶香——鶯歌紫甌茶院

鶯歌是台灣的陶瓷之都，老街上大大小小的陶行、茶器店、茶莊等，始終受到國內外遊客、尤其是對岸朋友喜愛。而在巍峨的「鶯歌陶瓷博物館」斜對面，人車熙來攘往的文化路上，也有一間面積不算太大，卻洋溢無比茶陶風情的「紫甌茶院」，既是茶莊，也是可以坐下來悠閒品賞好茶的空間。

進入大門，由中間一整排陶甕大茶倉，以及兩側茶品、茶器所構成的正堂，悠悠茶香陣陣飄送，讓人感到舒適又自在。主人是現任台北市茶藝促進會會長劉青羲，

鶯歌陶瓷博物館斜對面的紫甌茶院。

▼劉青羲在桃園龍潭創設的摩訶般若茶道藝文館。

閒暇時喜歡騎重機的他，在內院茶桌旁一口氣擺了三輛重型機車，每輛都有三百公斤重；泡茶師在一旁優雅泡茶，柔軟的身段與重機的冷豔看似不搭，卻充滿了衝突的美感，客人往往會在品茶的同時，對一旁的重機品頭論足，也是一般茶館中，難得一見的風景吧？

從小就愛喝茶的劉青羲，說自己正式踏入茶界已有三十多年，歷經八〇年代台灣茶葉外銷轉內銷、九〇年代茶葉與宜興紫砂壺一度崩盤、二〇〇七年普洱茶崩盤等一連串事件，始終樂觀面對，為自己賺得了財富，更賺得了健康。儘管已過中年，依然明眸皓齒、頭髮烏黑油亮，令人稱羨。

劉青羲說他最早在新竹起家，之後在桃園龍潭開設「摩訶般若茶道藝文館」，將佛教文物結合茶香，不僅在桃園頗有名氣，還紅到對岸。近年兩岸交流日趨頻繁，許多大陸朋友希望他就近在大台北地區設點，到台北洽商或旅遊能有個喝茶聊事的地方，紫甌茶院於焉在三年前落腳鶯歌。而龍潭的茶道藝文館仍繼續經營，至今業績也始終紅不讓。

流金歲月茶飄香——九份

▼九份以基隆山為背景的密集的屋宇占領了大半山腰。

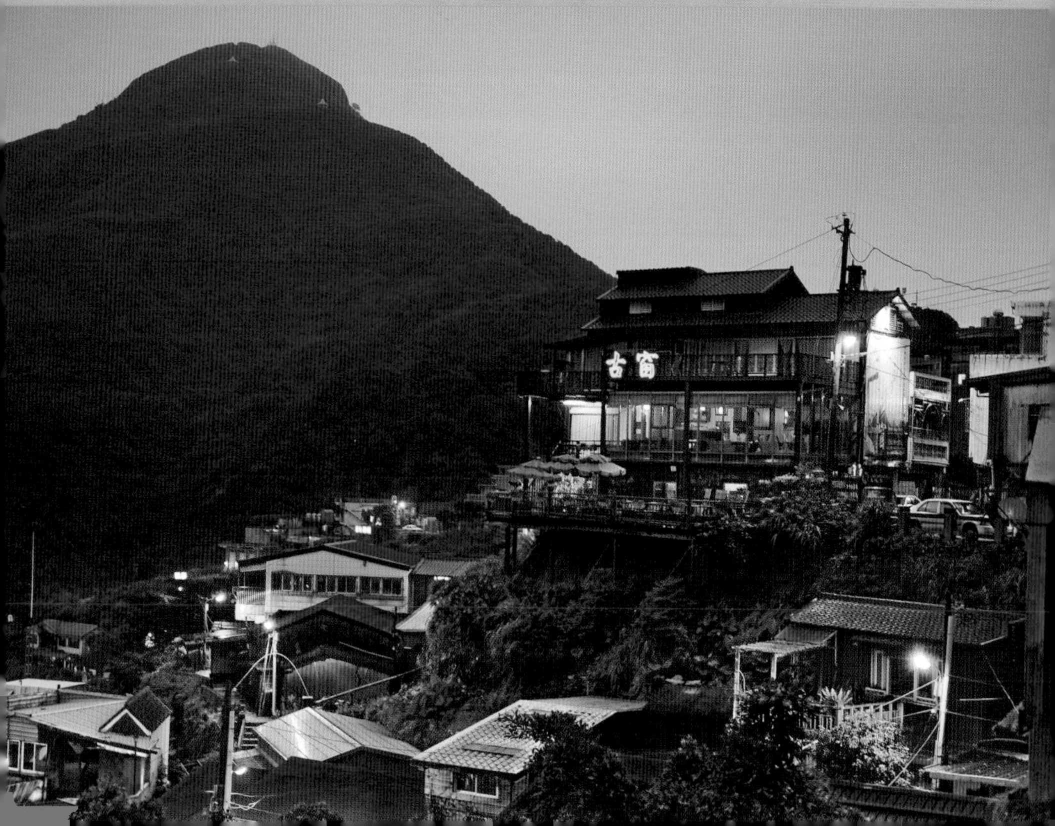

攤開二十一世紀的北台灣喫茶地圖，九份無疑是茶館聚集最多、人氣也最旺的地方了。而大台北茶館最為密集的地區，也從早期的公館一帶，在二〇〇〇年後逐漸移至木柵貓空，今日則在九份大放異彩。不同的是，貓空是台北著名的鐵觀音茶鄉；九份雖不產茶，所屬瑞芳鎮的「傑魚坑」卻是台灣最早引進茶樹之地，見諸連橫著《台灣通史》：「嘉慶時有柯朝者，歸自福建，始以武夷之茶，植於鰈魚坑」，堪稱台灣茶文化史上最具「原鄉」意義的地區了。

九份本為十九世紀末以產金著名的山城，以基隆山為背景，密集的屋宇層層疊疊占領了大半山腰，夜夜笙歌不絕。儘管六〇年代後因礦源枯絕而沒落，九〇年代卻因電影《悲情城市》爆紅而谷底翻身。隨著觀光客大量湧入而興盛的茶館，則是人潮洶湧的喧鬧老街上，最重要的人文精神象徵吧。

從三百六十二層石階砌成的豎崎路一路望去，先後貫穿山腰橫向的汽車路、輕便路與最上層驀的豁亮起來的基山街，懷舊氣息濃厚的茶肆與商店在眼前彷彿疊羅漢般，密集兩側向上不斷延伸，儘管街寬僅有三・四公尺，卻是九份最繁榮的商店區與特產小吃集散地。沿著石階逐一往下，九份茶坊、山城創作坊、水心月、阿妹茶館、悲情城市、九戶茶館、芋仔蕃薯、戲夢人生、海悦樓、古窗等，近三十家各具特色的品茶空間逐一登場，喚醒九份的半邊天空，交織成九份流金歲月牽牽繫繫的魂縈舊夢，令人驚豔。

品茶躲貓貓——九份山城創作坊

在所有的九份茶館中，位居最高處的「九份山城創作坊」，從二、三樓的窗口可以清晰瞧見包括基隆嶼、基隆港在內的整個山海景致，視野開闊而繽紛，讓人坐下去很難不流連忘返。

基山街香火鼎盛岩壁小廟旁的山城創作坊，顧名思義除了眺景賞茶外，更少不了琳瑯滿目的作品。大多為主人胡宗顯與愛妻郭青榕的陶藝創作，尤以一大堆栩栩如生的貓兒們最為傳神，也最受朋友們喜愛，據說靈感皆來自所收養的流浪貓小乖，目前已被寵成肥嘟嘟、圓滾滾的大懶貓

從九份山城創作坊三樓窗口可以清晰瞧見整個山海景致。

▼胡宗顯與郭青榕夫婦以家貓創作的茶壺、茶籠與面紙盒。

了。

郭青榕來自廣東潮州，從小就耳濡目染潮汕壺的製作，成長過程也多有工夫茶法相伴，因此經常可見胡宗顯在店內忙著拉坯做壺，愛妻則在一旁手捏陶貓做為壺鈕，鶼鰈情深的模樣，羨煞不少前往品茶看風景的遊客。

胡宗顯的陶壺大多為柴燒，而且每回都要千里迢迢遠赴南投燒製，由於九份山城密集的石階與人潮，車輛無法進入，必須先以手推車小心翼翼將陰乾的作品送下山再轉乘汽車，搬運陶土也同樣艱辛。夫妻倆平日還要顧店、泡茶並招呼客人，因此作品不多，但都極為討喜，每次剛完成幾個貓壺創作，很快就會被愛貓的日籍遊客帶走。

其實不僅山城創作坊有活潑可愛的招財貓，九份的茶館多，貓咪尤其更多，絕對不輸給近年經常在國際媒體曝光的「貓城」猴硐，包括活生生的家貓、店貓、野貓，以及無數守候著家門，或做為路標、或天天望海把自己當做燈塔指引捕小卷漁船方向的陶貓在內。

《神隱少女》湯婆婆屋敷傳奇——阿妹茶樓

由阿妹許乃予開設的「阿妹茶樓」，由於建築外觀酷似宮崎駿動畫電影《神隱少女》中的「湯婆婆屋敷」，而聲名遠播至日本、韓國、港澳等地，不僅引發東瀛觀光客爭相前來朝聖，還一度盛傳茶館就是動畫大師宮崎駿繪製場景的靈感來源，儘管從未獲得證實，至今仍然話題不斷，人氣更是夯到沸點。

許乃予說「阿妹」茶樓之名，源於她的媽媽連生三個女兒，父母親非常希望再生個弟弟，因此排行第三的許乃予從小就被叫做「阿妹」，也就是家中最小的女

傳說為宮崎駿電影《神隱少女》靈感來源的阿妹茶樓。

▼阿妹茶樓外觀三個巨大的日本能劇面具。

兒，之後果然如願得一男，顯然阿妹之說對許家香火也有相當貢獻了。她說茶樓現址是早年祖父所開設的打鐵鋪所改建，外觀全部以木板建造，擁有極為寬闊的空間，堪稱九份山城最具代表性的建築物與最富特色的茶藝館了。

從「阿妹茶樓」外觀開滿窗戶的日式層層密密黑木板，以及外牆整排酒甕構成的圍欄、外掛的三個巨大日本能劇面具，加上串串紅色大燈籠，以及屋內滿滿的東洋文物來看，不跟湯婆婆屋敷劃上等號，恐怕也很難吧？不僅在頂樓露天茶座可以邊泡茶邊欣賞九份特有的景致，樓上每一桌也都能飽覽山海美景，教人忍不住大呼過癮。

俯瞰海天一色——九戶茶館與戲夢人生

從豎崎路下方回看整個茶館老街，最佳視角則絕對非「九戶茶館」莫屬，尤其登上頂樓露天茶座，視野更是開闊到只能用「海天一色」來形容；主人蔡添光也在一樓展示來自台灣或中國大陸各地的茶品，包括一筒筒的普洱茶在內。

此外還有標榜「小上海」茶飯館的「悲情城市」，與旁邊的「昇平戲院」往往會勾起許多朋友對電影的回憶；而「戲夢人生」也在山城幻化為茶館，吸引無數熙來攘往的遊客。

坐在茶館一隅細細品味悲情城市的有情天地，沒落數十載的小小山城，峰巒交錯。舊時繁華的老街、古拙的細小街巷與淘金留下的滄桑相互糾纏交織著，充滿詩情與浪漫的九份，彷彿也正式告別悲情，以栩栩然纖秀迎向歡喜，正如香味四溢的九份芋圓，在陽光下滾滾扭動著誘人的晶瑩。

在九戶茶館泡茶可以清楚看見基隆山與周邊大小島嶼。

▼九份的戲夢人生幻化為茶館吸引熙來攘往的遊客。

由畫家洪志勝開設的「九份茶坊」成立最早、也最具人文氣息，茶肆內彷彿民初電影或連續劇刻意搭蓋的場景，紅通通的炭火爐在眼前展開，溫著一壺壺滾滾的茶水，陣陣炭香與茶香瀰漫。壺嘴冒出的蒸汽與盞盞晶亮的燈泡更將挑高的室內點綴得玲瓏繽紛，復古的情境彷彿又回到了《悲情城市》的電影時空。放眼四周，隨處可見老鐘、梳妝鏡、畫屏風、銅洗，以及屋頂上懸滿的各式謝籃等；而三〇年代的青瓷彩繪馬桶竟也大刺刺的橫臥木垣之上，吸引好奇的Y世代男女紛紛合影，令人莞爾。洪志勝回憶說，當時是從斷垣殘壁中，一磚一瓦、一草一木的修補建設起來，並盡量保留舊貌。

▼彷彿民初電影場景般的九份茶坊，充滿古早台灣味。

櫃子上擺滿了斑剝陸離的陶甕，甕內典藏的茶葉引人好奇。洪志勝說自己開茶館，茶卻愈喝愈高級，喝到幾乎找不到茶喝。他說對茶愈深入、就愈不了解，因為各門各派的講法實在太多了。不過在茶葉的挑選上，洪志勝倒是十分堅持，例如茶坊內的「東方美人」與老茶都是上上品種，尤其東方美人茶更是他親自到新竹北埔，觀看茶農從採茶到製作的整個過程，再挑出風味最佳者帶回，因此品質「絕對錯不了」。

到九份茶坊可以和主人談茶、談陶，也可以拾級而下到「九份藝術館」看畫。由於前往九份的遊客，大多會被當地滄桑的藝術風情所吸引，因此洪志勝特別結合了一群藝術家，輪流在館內展出畫作。

二十年前就以宮崎駿的動畫為名，盤踞在輕便路上的「天空之城」，則是洪志勝以清水紅磚一手搭建的三〇年代紅樓建築，由於經常有人詢問店家與宮崎駿的關聯，讓他不勝其擾，因此在兩年前改名為「水心月」，

從九份茶坊拾級而下的九份藝術館保留諸多九份文物。

▼盤踞在輕便路上的水心月是以清水紅磚搭建的紅樓建築。

三個字則是從自己姓名的部首各自抽離而成。由於棲身於山崖邊，坐在迴廊下就可以眺望基隆嶼海景。而「陶工坊」則是陶藝家弟弟洪志雄的工作室，包含拉坯、燒窯、作品展示的整個開放空間，瀰漫著濃濃的泥土香，也是愛茶人賞壺、挑壺的好去處。

九份茶坊也為洪志勝「賺」得了日籍的美麗妻子。他說數年前，原本從日本千里迢迢赴台北自助旅行的單身女子，踏入茶坊後的驚豔讓她竟日流連不忍離去，而意外的與洪志勝譜出愛情的火花，今天也成了九份茶坊的企業識別標誌。細心的朋友應當不難發現，店內無論茶罐、茶葉包裝或紙袋，上面栩栩如生以鉛筆素描繪出的溫柔女性正是茶坊的女主人。而她也為自家茶坊包括水心月，創作了一堆陶貓，深受觀光客的喜愛。

第三章 桃園都

傳統茶鄉的喫茶風情

▼星空下愈夜愈美麗的友竹居茶館。

已於二〇一四年十二月二十五日正式升格，成為台灣第六個直轄市的桃園都，是北台灣著名的茶鄉，包括早年風光一時，由李登輝前總統命名的龍潭「龍泉茶」、楊梅歷史悠久的「秀才茶」、大溪「武嶺茶」、龜山「壽山茶」與曾勇奪全台膨風茶競賽頭等一的「東方美人茶」、復興區由蔣經國故總統親自命名的「梅台茶」、平鎮的「金壺茶」，以及近年異軍突起的「拉拉山高山茶」等各領風騷。

其中楊梅從一九〇三年的日據時代開始，就一直是台灣茶葉栽種培育的重鎮，延續至今成了行政院農委會「茶業改良場」的總場所在；而龍潭還有「協益」、「福源」兩家百年老茶廠，在七〇年代以前，大量外銷的紅茶與綠茶不知為台灣賺取了多少外匯。

而在二十世紀末葉、台灣茶藝館的鼎盛時期，桃園也存在不少大型茶館，例如資深茶人呂禮臻在桃園同德五街開設的「友竹品茶館」、耕讀園大型園林茶館的桃園店，以及資深茶人徐榮波在龍潭高原村開設的「水龍吟」等。儘管今天三者都已成過去，卻有一位茶人始終懷抱理想、堅持到今日，為桃園守住茶文化的最後城堡，那就是屹立中壢市區，長達二十多年歷史的「友竹居」。

▼旅日名歌星兼版畫家翁倩玉在桃園友竹居寫生留下的木刻版畫。

人文風照亮我星球——中壢友竹居茶館

儘管已進入深秋，中壢市區依然豔陽高照，左轉進入中大路後，中央大學巍峨的校門眼看就在前方，右邊列隊相迎的木棉樹之間，忽的出現一座仿唐式的山門，粉牆灰瓦伴隨著隱約傳來的飛瀑琴韻，讓我忍不住跳下車猛按相機拍照，這才看清門楣木匾上的幾個大字「友竹居茶館」。走進門，牆上醒目的海報也清楚告知來客，這裡曾做為民視偶像劇《你照亮我星球》的拍攝現場，氛圍想必讓不少人喜愛。

步上曲折的迴廊，跨越淙淙流水，就在落葉與細碎的陽光蕩

友竹居入口粉牆灰瓦與仿唐式的山門。

▼友竹居女主人李芷綾親自為好友煎水泡茶。

漾之間，忽聽得一陣「噗噗」水聲激動，原來池裡有十數尾肥大且色彩豔麗的錦鯉群，幾乎就朝著我的腳下「衝」來。女主人李芷綾說，橋名「蓮華」，連接名為「知機」的四個茶座，而魚兒們從茶館營運之初就飼養至今，年齡多已超過三十歲，不僅活潑、不怕生，還會聽話、會認人，果然每當阿亮「喀嚓」按下快門，魚兒就會爭相游過來討吃，簡直萌到不行。

其實友竹居每一道橋、每一棟樓台、每一處包廂，都有個詩情畫意的名字，如客堂穿門而出、設有美人靠的「師竹橋」，以及「讀樂軒」、「二泉」、「映月」、「讚梅」等廂房，命名全都來自實際景觀或意境，而非憑空想像——例如以透明玻璃為地板、坐著品茶就可以在腳下透明地板觀看魚兒悠游的「知機」；或「又見飛瀑」旁的包廂「映月」，女主人解釋說，每逢農曆十五、十六，當又大又圓的月亮攀上松樹梢，都會輝映月光灑入包廂內；而步出「攬月」到位居南方的「南樓」，夜晚還能邀月入菜，令人不由得會心一笑。

難能可貴的是，占地將近三百坪、做為閩南混合式大型江南園林的人文茶館，除了涓涓流水上繽紛的落葉外，幾乎一塵不染，包括木造的迴廊、水榭、亭閣等，即便關著的玻璃窗，由於擦得太明淨，也讓阿亮一度誤以為是開放式的窗格，而貿然想將鏡頭伸出去。

▼占地將近三百坪的大型江南園林——友竹居人文茶館。

李芷綾目前擔任中華茶聯理事，二十多年來始終堅持為茶葉品質把關，選用的茶品也以在地最夯的拉拉山茶為主。至於流水，則來自最早開挖地基時所預先鑿的一口井，由於不斷湧出的井水，使得水池終年保持流動，充滿生氣而非一灘死水，魚兒才能養得肥美豔麗。此外，偌大的園區與木造建築，更需長年延聘園藝與木工、油漆工等做定期維護與保養，所費不貲。

李芷綾回憶說，儘管中央大學周邊一向人文薈萃，但一九九二年決定興建茶館時，中大路還只能稱得上是條「鄉間小路」，她與原始股東就從一片荒蕪爛泥地，自行設計、鑿井引水、植樹造景，再一磚一瓦、一梁一柱打造，營造江南園林的格局與氛圍，只為了將品茶文化與喝茶風氣帶進來。

二十多年過去了，友竹居不僅沒有被大環境打敗，而且持續在穩定中成長、愈戰愈勇，每天都有來自全台各地、日本、東南亞，或大陸自由行的朋友慕名而來。而每位來過的客人都會變成好朋友，也讓中壢喝茶的風氣排名桃園之冠，讓她頗為自得。

▼從友竹居客堂穿門而出，可以在師竹橋上的美人靠小憩。

旅日名歌星兼版畫家翁倩玉，多年前也曾駐足友竹居，並在驚豔之餘，留下一幅約莫二十號大小的木刻版畫，並入選當年（二〇〇〇年）日本舉辦的第三十二屆日展。

版畫的其中一幅就掛在迴廊處，細看黑白為主的畫面，以綠樹和橙、黃、紅等色套版的錦鯉凸顯黑色的結構，刀痕筆觸清晰有力，且層次豐富的與實景相互爭輝，讓來此品茶的客人更能靜下心來，融入垂柳與水榭共譜的情境，因此當年她小憩的包廂也特別受到熟客的喜愛。

為了提振茶文化，李芷綾說，友竹居每週三都會固定舉辦茶會，邀請許多茶人、老顧客、新朋友等共襄盛舉，大夥可以自行攜帶茶葉來「尬」場、以茶會友，不亦樂乎。此外，她也不定期舉辦音樂展演與茶結合，或提供藝文團體借用場地。

鬧區中罕見的商辦茶香——中壢東坡老店

帶著飯後入口的拉拉山茶香餘韻離開，驅車進入市區，復興路車水馬龍的大道上，一棟面寬甚廣的大樓格外引人注目，透過車窗望過去，一、二、三樓幾乎燈火通明，而且每一扇窗都框上古色古香的窗格，同步灑下溫柔的橙紅色燈光，彷彿正賣力的拂去我長途開車的疲憊，也相當程度的輝映著中壢鬧區璀璨的夜晚。

原來這就是曾在網路上驚鴻一瞥、著名的「東坡老店」，鬧區商辦大樓中罕見的大型複合式茶館，從一九九三年創立至今，也有二十年以上的歷史了。入得

東坡老店是鬧區商辦大樓中罕見的大型複合式茶館。

▼東坡老店一樓外帶與茶飲依然古色古香。

店內，以紅磚砌成、一整排早年爐灶造型的櫃台赫然在列，賣的卻是台灣紅遍全球的「國飲」珍珠奶茶，以及各種飲品，對照天花板垂掛的數枚大型白色紙燈看似不協調，卻有著現代與古典衝突的美感。

看我背著專業相機與大光圈鏡頭，資深店長羅錦駿笑盈盈的過來招呼，要我務必到樓上一探究竟，嘴角卻透出神秘且自得的微笑，果然跟他登上木製樓梯上去，眼前的景象令我大吃一驚——玄關外五〇年代以前農家常見的老灶活生生的橫陳眼前，月洞門在粉牆黛瓦簇擁下乍然呈現，挑高的天花板披著紅帳，幾枚昏黃的紙燈籠恰如其分的忙著補光；彷彿早期瓊瑤電影中的場景，溫暖、典雅，卻又多了份戀人該有的浪漫。

隔成一間間包廂的茶座並不稀奇，特別的是以涓涓小溪連結的通道，無論來客或端

▼東坡老店的包廂多不設門，而以薄紗輕掩。

▲東坡老店二樓月洞門與連接廂房的小溪與石頭。

著茶品餐食的服務人員，都必須踩在水面上的石塊一蹬一蹬前進，低頭更可見魚兒悠游，讓人勾起小時候踩過石頭橫渡河床的記憶，饒富趣味。包廂多不設門，而以薄紗輕掩，充滿濃濃的復古情懷，讓我驚喜異常。

店長說，東坡老店包括一、二樓整層外加三樓的大部分，總共約一百多坪，是透過思考與雙手的淬鍊，所構築出不同風格的茶館，二十年前就有如此前衛的設計，委實令人讚嘆。古意盎然的空間除了品茶，也外賣流行飲品，並提供多樣的套餐服務，應該也是迫於大環境改變，而不得不做出的轉型吧。畢竟要先能存活，才能繼續守住茶文化應有的風華。

▲低頭就可見魚兒悠游的東坡老店大膽構思。

飲茶來開講——龍潭涵人文茶館

▼涵茶館以骨董傢俱的陳設與襯托提供人文品茶空間。

▼將簡單茶席融入舊傢俱的涵茶館。

由資深茶人林連興、林素貞伉儷近年才開設的「涵茶館」，位於人潮並不太多的龍潭民族路上，主人將茶館定位為「一間大家飲茶、開講的空間」，他說兒子長大了，剛好有間店面可以讓他來創業，因此茶館主要分為兩部分，兒子主要負責珍珠奶茶等飲料茶，而他與愛妻則幫忙建構茶藝氛圍，以骨董傢俱的陳設與襯托，提供一個包含琴、字、書、畫的品茶空間。

林連興的本業為製磚窯業，因此茶館圍牆就以自家生產的紅磚建造；他說一九八七年以前開始愛上茶，一九八九年就勇奪泡茶比賽第三名，從此一頭栽進茶藝無限迷人又深邃的領域。一九九一年至一九九七年間還受邀在學校擔任茶藝社指導老師，今天則擔任中華國際無我茶會推廣協會常務監事，與中華茶藝聯合促進會台中會常務監事，多年來熱心推廣茶藝文化的他，也將在二〇一五年新年度接掌中華國際無我茶會理事長。

因此茶館除了提供人文品味的飲茶空間，也定期安排茶藝教學。正如女主人林素貞常說的：「泡茶就是緣、情、心；感覺對味、興趣對味、樂於分享。」

▼堅持用最好的茶廣結善緣與分享的涵茶館。

第四章 新竹縣・苗栗縣

客家風情美人茶香

▼國家三級古蹟慈天宮旁的老字號北埔食堂的客家美食最受遊客青睞。

▼客家擂茶在北埔隨處可見。

十九世紀末至二十世紀初曾為新竹第二大城的北埔，與峨眉、寶山三鄉過去合稱為「大隘」，清朝中葉時曾有璀璨的街市與城郭。儘管今日繁華不再，但整體依照傳統風水觀點所建造的攻防性老聚落，以及客家風情、文化傳承等，悠悠古風今日仍隨處可見。

北埔與峨眉也是膨風茶的故鄉，從二十世紀初期締造英國皇室「東方美人」傳奇的閃亮巨星以來，光芒自日據時期迄今從未褪色。

話說日據時代，由於膨風茶聲名遠播，使得北埔製茶業如日中天，今日包括水磜村、大湖村一帶的山坡地上，放眼望去盡是綠浪推湧的一畦畦茶園。而古稱「月眉」的峨眉鄉，則因峨眉溪畔的河階台地恰似一彎新月而得名，山坡上也遍植茶樹。兩地山區經常霧氣瀰漫，茶樹且多栽種在背風面、潮濕、日照足且無農藥或空氣污染的丘陵台地，非常適合青心大冇的生長，更能孕育出風味獨特的茶品。

不過，北埔除了名滿天下的東方美人茶、令人食指大動的客家美食、每年秋季九降風亮麗登場的曬柿餅外，還有許多氛圍絕佳的茶館，不僅許多朋友不知道，阿

▲每年秋季九降風亮麗登場的北埔曬柿餅。

▼北埔老街上隨處可見古意盎然的茶館。

亮也一直到最近，經由中華茶聯前會長張貿鴻的極力推薦，甚至不惜以高鐵商務艙招待阿亮前往，才終於發現這許多的喫茶新天地，包括北埔老街的「寶記」、「識茶」、「水堂」、「水井茶堂」、「水方美術」，台三線上的「北埔第一棧」，以及峨眉台三線上的「龍鳳饌」、「忘憂茶堂」等。

客家擂茶今天在北埔老街上也隨處可見，茶葉則大多為綠茶粉所取代，相較於一般茶葉，綠茶粉有助於消化、吃下肚較不會脹氣。目前最風行的方式是在擂缽中加入綠茶粉、芝麻、花生，用擂棍慢慢擂成粉狀，再陸續加入少量開水，待擂成糊狀後沖入開水，加上香菜或九層塔、食鹽、米籽等，甚至還有加上紫蘇，並搭配爆米花、腰果、酸菜等倒入茶碗飲用，讓擂茶更具香氣與風味，將客家人的常民飲食提升至精緻美食的境界，也成了北埔發展觀光的最大賣點。

一九二七年創立的老字號——北埔寶記

▼寶記牆上懸掛的昭和十六年（一九四一）的「茶委託製造承認證」。

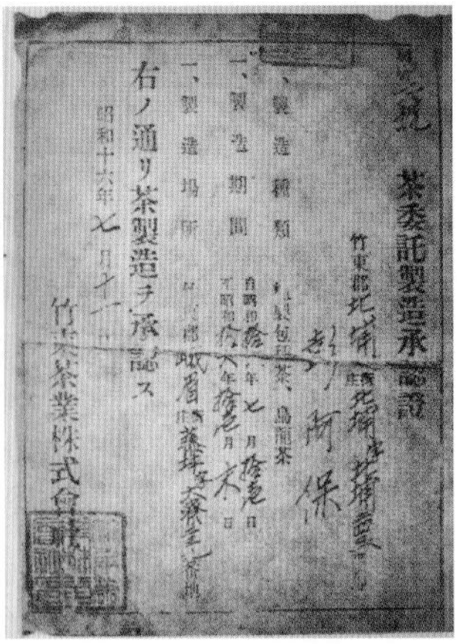
茶委託製造承認證
竹東郡北埔庄
一、製造種類 包種茶、烏龍茶
一、製造期間
一、製造場所
右ノ通リ茶製造ヲ承認ス
昭和十六年七月十一日
竹東茶業株式會社

漫步北埔老街，外觀懷舊氣息濃厚的「寶記」，是成立於日據時期的一九二七年，也就是膨風茶剛剛嶄露頭角年代的老字號，傳承至第四代主人古乘乾，熱心的陪同全程導覽，讓我得以完整的深入北埔幾家著名的茶館，並享受了慈天宮旁的北埔食堂（中餐），與峨眉的龍鳳饌（晚餐）美味無比的客家料理，可說是阿亮品嚐過最棒的客家美食了。

寶記是成立於日據時期一九二七年的老字號，目前傳承至第五代的古亦平。

▼北埔老街上外觀懷舊氣息濃厚的寶記。

古乘乾說，其實「寶記」很早就開始製茶，但到一九二七年才正式創立，目前已交棒予第五代的古亦平，算起來也有近九十年歷史了。從牆上懸掛的一張昭和十六年（一九四一）由「竹東茶業株式會社」發給的「茶委託製造承認證」來看，在日軍偷襲珍珠港那一年，寶記就已有相當規模了。不過證件上的名字是彭阿保，古乘乾說是他的太祖父，為何不姓古？古乘乾解釋說，是先祖曾入贅於古家的緣故。

今年才就讀大學四年級，年紀輕輕就勇奪二〇一四年「全國東方美人製茶技術競賽」貳等獎的古亦平，家中茶品卻未曾參加比賽。由於自家膨風茶全為自產自製自銷，因此特別有自己一套品管方式，除了北埔鄉公所官方授予的產地認證外，也沿用日據時期膨風茶的分級制，甚至連名稱都直接沿襲

寶記至今仍沿用日據時期膨風茶的分級制，名稱也都直接沿襲過去的譯音。

過去的譯音，而有了絲丹大、片尼斯、翠絲、美人、膨風、大膨風、特大膨等奇怪名稱的多個品級，而以「特大膨」品級最高。「寶記」卓越的東方美人製茶技術，還曾驚動日本「朝日新聞」專程來台拍攝採訪。

古乘乾補充說，片尼斯來自英文的便士（penny）直譯，緣於早年東方美人外銷英國，茶館每杯茶的價格即為一便士。而「翠絲」則已達出口貿易等級，因此直接以「貿易」的英文Trade分等；至於絲丹大則為Standard（標準），而「特大膨」則是「超級美人茶」之意。當地老一輩客家鄉親也多以客語直譯，饒富趣味。

除了以夏茶為主的東方美人茶，「寶記」也用春茶製作「春蒔茶」，儘管光芒不如夏茶，但卻兼具鐵觀音特殊風味與東方美人的口感，尤其香氣獨特且回甘快，因此同樣讓茶饕們趨之若鶩。

古亦平除了擅長製茶，還會幫茶友鋦補破損的茶壺，也自行創作各種竹器茶則。不過他說兩者都未曾拜師學藝，純係一年來自己摸索，也能逐步成就一雙巧手，令人驚異。鋦補用的銅釘係購回銅片自行裁剪後磨光，而黏劑則以香灰攪拌生漆製成。細看他鋦補的幾個壺蓋，儘管技術尚稱不上嫻熟，構思布局也還不及「藝術」的層次，但實用上則涓滴不漏，因此當地許多茶友不慎打破或敲壞茶壺，都會慕名送來請他鋦補，倒與客家人愛物惜物的精神不謀而合了。至於茶則，他表示坊間所販售茶則面寬都太小，無法適用於外表膨鬆且色彩飽滿的東方美人，才會突發奇想，自己跑到竹山購買各種竹材，費心雕鑿拋光為面寬較廣的「賞茶則」，在品茶前，先與茶友分享乾茶的香氣與繽紛。

寶記古亦平鋦補的茶壺蓋與竹器製作的茶則。

▼識茶入口處以超大的箕簸凸顯茶鄉風情。

識茶二樓無限寬闊的泡茶與書畫教學空間。

▼識茶以窗邊榻榻米挑高的唐風格局讓來客泡茶、賞街景。

老街上還有間兩層的大型茶館，斗大的招牌寫著「識茶」兩個大字，迎接我的是新一代掌門黎奕君，一樓除了泡茶主桌，大多擺滿了主人琳瑯滿目的老壺、瓷器、花器、錫器大茶罐等收藏，以及櫥櫃上滿滿的茶品。特別的是入口處提供訪客留言的長桌上，一個超大型的箕簸就固定在牆邊，搭配昏黃的吊燈與小幅畫作，格外凸顯茶鄉風情。

「識茶」二樓做為無限寬闊的泡茶空間，從偌大的玻璃窗往外，老街慵懶的風景一覽無遺。窗邊是榻榻米挑高的唐風格局，一塵不染的茶几微暗的容顏則隨著陽光的游移，不斷反射著窗外的雲朵，才剛進入暖冬，卻有貼近屋簷的三兩朵梅花輕輕抖落殘留的水珠，更讓我深感不可思議，地球果然是生病了。

不過，幾位席地而坐的茶人依然開心的自顧泡茶，樓梯上來這一頭則以仿古桌椅，讓無法盤坐的朋友也能舒適品茶，牆上掛滿了古乘乾的水彩與油畫作品，桌上還留有宣紙、筆墨與未乾的硯台，黎奕君說二樓除了教授茶藝，也聘請在地書法家教茶友們揮毫。

還記得過去每週日在國家三級古蹟北埔「慈天宮」前，拿著一把吉他彈唱客家現代創作歌謠的歌手阿淘（陳永淘）嗎？渾厚的嗓門加上原汁原味的客家鄉音，跟著吉他搖滾，當年不知吸引了多少遊客前往聆聽，而阿淘一度還成了北埔的代言人。當時每天跟著在一旁哼唱或和聲的十歲小孩，如今已經長大了，還成了峨眉著名的人文茶館「龍鳳饌」的新一代掌門。

他是古井然，曾經在十多年前，跟大他四十歲的阿淘在慈天宮結拜為兄弟，在阿淘出過的專輯唱片中，也聽得到他童年無邪的和聲，可惜我到訪時他正忙於製茶，無緣親耳聆聽他長大後的嗓音。不過他說從小就耳濡目染跟著爸爸一起做茶，曾連續多年獲得新竹縣東方美人製茶競賽與北埔鄉製茶競賽的二、三名，近年還以「著蜒」——即小綠葉蟬——叮咬過的青心大冇茶菁做成「蜒香紅茶」，成了地方當紅炸子雞，實力不容小覷。

雞犬相聞的高度——峨眉龍鳳饌

▼峨眉雞犬相聞的龍鳳饌茶館已營運十五年。

從北埔台三線續往南行，八三・五公里處與峨眉鄉的交界處，雞犬相聞的龍鳳饌茶館已營運十五年，是一家傳承客家風情與茶文化精神的複合式茶餐館。挑高的三層建築巧妙的分隔各式餐桌、茶桌與茶品展示櫃，就連樓梯轉折處都有恰如其分的擺設點綴。

除了品茶與精緻茶點，龍鳳饌茶館的客家料理也早已聞名遐邇，招牌美食包括梅子魚、龍鳳燴三鮮、香酥竹雞、蒜仁豬腳、茶香醃肉、黃袍豆腐、客家鹹魚等。其中「蒜仁豬腳」是將整隻豬蹄燙熟至皮酥肉嫩後，以辣椒、大蒜等獨家醬料調製，入口即化的蹄膀與同為客家美食的「萬巒豬腳」全然不同，濃腴襲人的蒜香全都融入軟嫩多汁的肉香內，除了飽足感，還跟東方美人茶一樣在唇齒之間留下滿滿的感動。

龍鳳饌茶館是一家傳承客家風情與茶文化精神的複合式茶餐館。

台三線上的大視窗——峨眉忘憂茶堂

忘憂茶堂是充滿人文境界與禪風的人文茶館。

▼美工科畢業的古乘乾將老舊農舍改造為視野最佳、空間也最舒適的茶館。

緊鄰龍鳳饌，以大型透明玻璃窗格吸納陽光與美好景致的，則是視野最佳、空間也最舒適，足以讓人忘掉煩憂的「忘憂茶堂」了。把「寶記」留給兒子，自己跳下來「忘憂」的主人古乘乾說，當初花費千萬元買下老舊農舍，就是看中這邊的風水地理，早年畢業於復興美工科、曾從事設計裝潢的古乘乾，原本在台北事業有成，由於不忍年邁的母親終日操勞，才毅然返鄉製茶，並發揮所長，不斷設計改造，搭配自己早年收藏的明清古傢俱，才有今天充滿人文境界與禪風的人文茶館。

果然透過偌大的玻璃窗，往木椅後的龜山坪望去，波浪起伏的層層山巒令人心曠神怡，古乘乾說那正是北埔發跡百餘年來，最重要的一處風水地理上的案山，倚窗品好茶，還可至樓上觀景台上，瞭望北埔與峨眉的山川景致。聽他娓娓道來北埔或峨眉山川風水的歷史典故，而三樓另一處則做為膨風茶的日光萎凋間，為避免陽光太強時紫外線對茶菁造成傷害，藍天白雲正透過日光萎凋的大黑網，為地面被小綠葉蟬熱吻得五色繽紛的肥嫩茶菁釋出無數光點。綿延不絕的田野風光則聚焦網外，嚴整有序的羅列在群山碧巒之間，令人感到舒適又陶然。

粗獷中內斂質感——三義陶布工房

一九九五年成立「陶布工房」的蘇文忠，在木雕博物館周邊的三義藝術村獨樹一格，粗獷狂野的作品充滿強烈的個人風格，明顯可以感覺火焰流竄在陶坯上所烙下的吻痕，層次豐富的金質若隱若現的透出紅色肌理，表現在他所獨鍾的台灣陳年老茶沖泡，更能感受無可抗拒的一股霸氣。即便是陶藝家無法掌控的落灰窯汗，也能在撕裂的坯體細密有致的呈現出神秘多變的風貌。

步入「陶布工房」，後腦杓綁著一條馬尾、長髮斯文的蘇文忠打開話匣子，說自己在美工科

壺藝家蘇文忠在三義藝術村開設的陶布工房。

▼蘇文忠以自己柴燒的陶甕大量收藏台灣老茶。

畢業後就一直跟隨資深陶藝家宮重文，從煉土到拉坯、釉藥、燒窯等工夫都歷經長時間的淬鍊，奠定了今天陶藝的渾厚基礎，成立陶布工房後才開始逆風高飛。

蘇文忠也喜歡為茶器披上爆裂的外衣，只是裂痕往往以塊狀分布呈現，彷彿地球儀上突出海面的陸地，又像深邃湖面上密布的大小島嶼，內斂的金彩質感自然樸實、粗獷且充滿陽剛之氣，在看似相同的裂紋中也極富變化，充滿自然多變的色彩與樸拙的風韻。

蘇文忠的茶器還有一項特色，就是十分耐看，而且往往會在蓋鈕來上一道神來之筆，例如將友人創作的石雕小豬，或愛妻曾琬婷親塑的神話瑞獸等，做為大型陶甕茶倉或茶壺的蓋鈕，不僅增添了作品的趣味與美感，也為整體的造型劃上完美的句點，令人驚喜。

多年前就投入日本煎茶道方圓流的門下，熱衷明代文士茶風範的蘇文忠，用心打造布置的茶空間，由整個榻榻米加上他創作的各式柴燒茶倉構成，特別的是厚重的茶桌，他說那是古早時酐仔店使用的木造老錢櫃，直接拆下後使用，搭配他粗獷中內斂的茶壺茶杯可說特別適切。

曾琬婷除了捏陶，也喜歡親手裁剪縫製茶席中不可或缺的茶寵織品，如茶巾、杯套、壺套、茶杯墊、茶具組提包等，深受愛茶人喜愛。我這才恍然大悟，原來「陶布」工房指的是蘇文忠的「陶」加曾琬婷的「布」，在遊客如織的三義藝術村中果然獨樹一格。

▲蘇文忠以石雕小豬做為蓋鈕的柴燒茶倉饒富趣味。

第五章

台中都

古蹟、藝術中心與園林共舞茶香

▼無為草堂占地三百坪的大型江南水榭庭園。

▼今日台中耕讀園始終維持古典庭園風格的裝潢與擺設。

有人說台中的生活步調不如台北或新北的快速，又不似台南的恬適慵懶，也沒有高雄的熱情衝勁；在全台六都之中，堪稱自成一格的「輕盈、慢活、悠閒」，卻是全台最能接受新事物、也最能迸出新創意並不斷開花結果的城市。

以茶文化來說，在茶藝館最興盛的一九八〇到九〇年代，僅台中市（不包含今天合併為直轄市的台中縣）就有兩百多家大大小小的茶館群起爭雄，盛況可以想見。儘管今天台灣茶藝普遍走入家庭，茶藝館看似漸退流行，台中仍存在許多大型茶館，堪稱全台之冠——包括閩南與蘇州園林結合的「耕讀園」與「無為草堂」、古蹟活化的「道禾六藝文化館」、春水堂複合式大型連鎖旗下的「秋山堂」、國立台灣美術館內玫瑰飛舞的「古典玫瑰園」、台中港區藝術中心內全台唯一的日本煎茶道茶館「方圓廣舍」、新社的「又見一炊煙」，以及保留老舊日式建築的小型茶館「悲歡歲月」、「昭和茶館」等。

古蹟活化飄茶香——道禾六藝文化館

座落台中市林森路三十三號，日據時代留下的歷史建築「台中刑務所演武場」，最早建於昭和十二年（一九三七），為當時司獄官與警察柔道與劍道的訓練場。二〇〇四年由台中文化局登錄為歷史建物，經多年整修後，透過台中市政府「古蹟活化」，於二〇一一年由財團法人道禾基金會取得經營權，結合元亨書院、亞洲研究院、童顏劇團、大觀茶書院、原始弓工作室、道禾劍道館、因材施教圍棋等機構或團體，成為「道禾六藝文化館」。

顧名思義，六藝文化館傳承了至聖先師孔子倡導的禮、樂、射、御、書、數六藝，並以發展「新六藝文化」研究與實踐為目標，其中第一項「禮」即以「茶」做為代表，包

道禾六藝文化館的主館惟和館屋頂採寺院形式。

▼道禾六藝文化館第一項「禮」的茶藝教室。

括茶館、茶器與茶藝教學等。

洋溢著典雅氣息的日式建築，無論建築或周邊空間都十分寬敞且充滿生命力，六藝文化館很快就成為中部地區民眾遊憩、攝影以及學習的最佳去處。主館「惟和館」為和洋折衷磚造建築，屋頂採「入母屋」式寺院形式，因此驚鴻一瞥的路人經常會誤以為看到的是一所寺院，目前沿襲過去的柔道、劍道使用空間，做為武術館使用。

而緊鄰的傳統日式木構建築「心行館」，則做為茶道、古琴、圍棋、花藝等教學與展演活動空間使用，大片的木格落地玻璃窗，不僅在白天吸納所有陽光的跳躍，更在夜晚伴隨茶香閃耀著濃郁的人文風情。

此外還有原先「刑務所演武場」附屬的展示館做為「傳習館」，傳習弓道、書法與文化議題策展；以及庭院常見舞者翩翩的大樹下劇場等。

前往拍照採訪時已接近晚間打烊時刻，還好又遇到了許久不見的老友——亞洲研究院茶道研究所的陳玉婷所長，她在此負責茶道教學與推廣，好友相逢，顧不得剛剛下課，又大費周章的在傳統日式木構建築的「心行館」擺設茶席讓我拍照，並與館長曾靜鎂一起品茶，不亦快哉。

煎茶道深耕台灣——清水方圓廣舍

▼蔡玉釵推動煎茶道方圓流在台深耕多年。

▼在方圓廣舍常見和服盛裝出席的女性茶友，但無硬性規定。

明末清初，中國高僧隱元禪師應德川幕府之邀東渡扶桑弘法，將明代盛行的瀹茶法傳到日本，當時京都宇治的製茶師還特別將抹茶的「蒸青」製成方式，與中國「炒青」綠茶的揉捻工藝結合，製作出蒸青煎茶而廣受喜愛，成了日本煎茶道的濫觴。

不同於宋代點茶法東傳後演變而成的抹茶道，煎茶道沒有太多繁複的禮法與形式，注重的是飲茶時的心境；尤其著重個人的才學修養，以及個性品味的發揮，進一步體會茶道藝術之美，因此很快就受到日本騷人墨客的喜愛，而從明治初期逐漸興盛。

數百年後的今天，煎茶道在日本已蓬勃發展為四十多個流派，並在近年融入台灣多元繽紛、百家爭鳴的茶文化中。其中又以「方圓流」在台灣扎根最深、也最廣為茶藝界朋友所熟悉。

一手推升方圓流煎茶道在台發揚光大的台灣支部長蔡玉釵，不僅曾在台中港區藝術中心、新北鶯歌陶瓷博物館等地，策辦多場盛大的台日千人茶會，為台日民間文化交流做出重大貢獻，多年前也正式進駐台中港區藝術中心，以「中華方圓茶文化學會」的名義，成立「方圓廣舍」，除了獲得方圓流京都總部授權，定期舉辦位階檢定考試，也提供教學與品茶的空間，讓許多愛茶人從北到南不斷慕名而至。

蔡玉釵說，日本煎茶道方圓流於一九五一年創始於京都，取水與方圓間極密切的關係——「水無形，形隨器皿，而質不變」。方則意味著品行端正，圓為圓滑的人際關係，希望能將茶道落實生活、藝術化，在取水瀹茶中，品味日

▲ 台中港區藝術中心內的方圓廣舍人文空間。（蔡長宏提供）

▼煎茶道與台灣茶席常見的茶器形制略有差異且名稱不同。

本禪茶合一的人生哲理。

有人說煎茶道與最典型的撮泡法——即早年盛行於福建、廣東沿海一帶，並流傳至台灣的「工夫茶」——十分接近。而蔡玉釵也認為，煎茶道在精神與禮儀表現接近工夫茶，只是使用器皿略有不同，且表現更為精緻罷了。

事實上，台灣茶席常見的燒水壺、泡茶用的陶瓷小壺、分茶用的茶海或茶杯等茶器，與煎茶道所用幾乎完全相同，只是名稱不同，或形制略有差異——如燒水壺多為鐵製或銀器的「湯沸」，泡茶則用急須（大多為白瓷、青花或局部貼有金箔，少數為生鐵鑄造）、注回急須（有蓋的茶海），與又稱「水注」的土瓶（陶瓷燒製的盛水壺，有側柄與提梁兩種），還有飲茶用的茶甌（白色小瓷杯）等。

蘇州園林迴廊格局——耕讀園

與近年來許多大型茶品連鎖的市場導向明顯不同，從台灣茶藝館最興盛的八〇年代末期，前創辦人張文瑲在台中開設第一家「耕讀園」開始，二十五年來歷經茶藝館的由盛而衰，儘管不斷調整經營腳步，也持續擴張連鎖版圖至台北、桃園、高雄等，面對茶飲速食的快速崛起與蠶食鯨吞，卻始終堅持閩南式與蘇州園林結合的造境氛圍，以及強調人文精神的風格品味。

可惜歷經多年的風風雨雨，「耕讀園書香茶坊」從鼎盛時期全台十五家直營店逐漸縮小，台北與桃園的耕讀園早已不在，其他也多易主經營，殊為可惜。所幸接手的經營者都有所堅持，做為「人文茶藝館」與「書香茶坊」的定位始終未曾改變，如現任主人許浩庭所經營、座落台中市西區市政路上的耕讀園，在一切講究快速的年代，卻始終維持古典庭園風格的裝潢與擺設，有涼亭、有不定期舉行絲竹樂團演奏的暢音台、還有始終不變的垂柳與小橋流水。正如明清文人雅士在構築蘇州園林時，所強調的「平實生活與回歸自然的原性」。盡可能供來客品味細緻的工夫茶泡，即便新手也能在服務人員的指點下輕易上手。消費者可以悠閒的徜徉在茶藝空間品茗、看書、聊天，或享用精緻美味的茶餐與茶食。

其實隨著茶藝文化的蓬勃，茶藝館消費者的年齡層已有降低的趨勢，從二十歲到

▼耕讀園至今始終堅持閩南式與蘇州園林結合的造境氛圍。

六十歲都有，愛戀中的年輕情侶更不在少數。而耕讀園幽靜的氣氛始終讓愛茶人或文化人趨之若鶩。

茶器上統一的「耕讀園」標準字樣，服務人員清一色的古典唐裝，做為標榜「人文」的茶藝館，茶友在滿室茶香中品茗之際，也能欣賞藝術創作與文化薰陶。

儘管以茶藝形式主導消費，「客來敬上一杯奉茶，飯後一杯解膩茶，思考來杯醒思茶。」耕讀園也強調休閒性，以及店內的餐飲美食，包括傳統茶食與糕點、鄉情珍味餐等，不僅講究色香味美，更講究茶文化的精神意境。

許浩庭也一直努力將兩家耕讀園直營店逐步翻新，希望保有環境古樸的美，又兼具現代化的設備與服務，以「舊而不破、老建築新心意」做為新的營運目標，繼續「發揚品茗文化，締結人文昇華」的理念，所謂「一壺茶，一份緣，喜悅盡在耕讀園」，在人車熙來攘往、環境日漸嘈雜的大都會，耕讀園為茶文化付出的心力，更值得吾人肯定。

庭園水榭中讀詩賞畫品好茶——無為草堂

十多幅台灣本土畫家陳來興的大號油畫；向陽、路寒袖、渡也等幾位本土詩人的手寫詩稿；在地書法家蒼勁狂野的橫幅……在號稱台中餐飲業一級戰區的公益路鬧區，占地三百坪的大型江南水榭庭園「無為草堂」散發的濃濃藝文氣息，讓人很難不看見它的存在，儘管瓦頂木身的大門幾乎被綠樹濃蔭遮蓋。

其實早在一九八九年，無為草堂偌大的園林就已存在，只是當時稱做「耕讀園」，由地主與耕讀園原始創辦人張文瑲合作經營，五年後兩人因理念不合而分道揚鑣，現任主人涂英民正式宣告獨立，於一九九四年更名為無為草堂延續迄今。在周遭不斷新建大樓、建商頻送秋波的台中

綠樹濃蔭環抱的無為草堂人文茶館。

市繁華地段，涂英民依然拒絕誘惑、堅持理念，為南屯、西屯、西區三區相交之地，留下一片綠蔭處處的品茶休憩空間，誠屬難得。

無為草堂在二〇一二年經米其林綠色指南評鑑為兩顆星推薦，讓涂英民頗為自得，他說「台中僅有國立台灣美術館與國立科學博物館入選」，喜愛收藏本土繪畫與詩文的他，一九八九年就開始有計畫的收藏陳來興作品，至今國美館舉辦展覽都必須來商借。

因此涂英民始終將無為草堂定位為「人文茶館」，並堅持自己是「茶館經營的專家，而非茶藝館」。他說真正的好茶唯有在褪下外在多餘的矯飾，呈現原本最真實的面貌，才能顯現其豐富獨特的風味。

涂英民認為，飲茶是一種由生活中累積而來的經驗習慣；茶館則是「人與人」、「人與自然」、「人與茶」聚集交會的場所；在茶館喝茶，原本就是生活中自然而簡單不過的事，忘卻所謂茶藝的繁複技巧，回歸隨興喝茶的自在自得。因此他堅持下去的最大理由，就是希望每位來客都能感動、都能心靈飽滿的離開，而來過的客人都會想再回來。

因此儘管以品茶為主，無為草堂也聘請了五位大廚烹調各式料理，讓來客可以悠閒享受美食、品味茶香。在垂柳、錦鯉池以及環溪的上百種本土植物共構的情境下，讓現代人一圓田園夢，感受綠意與沁涼所孕育的人文氣息。

山林中的禪風——新社又見一炊煙

今年春天，我在《鄉間小路》雜誌做的一篇圖文報導〈茶與音樂共詠玉山之美〉，說嫁到玉山茶區多年的陳淑娟，為了讓玉山茶重新站上兩岸舞台，將分散各地的哥哥姐姐召集起來，由姐姐作曲、編曲，在海拔一千六百公尺的綠浪推湧中，以哥哥陳逸閎的一把二胡，姐姐陳靜怡（琁玥）與小妹共兩把古箏，加上姐姐天籟般嘹亮的歌喉，還有小妹夫玉山茶農歐璟鴻現場沖泡的濃醇茶香，以磅礴的山脈連峰為背景，詠出一首首動人的樂章。

今年深秋的某一天，他們又

科班出身的陳家兄妹在又見一炊煙演奏茶香琴韻。

▼又見一炊煙象徵柳暗花明又一村的原木隧道。

集結在台中新社「又見一炊煙」茶館庭園餐廳，而我也久聞茶館充滿禪意與詩情的造景，特別趁著赴台中演講之便前往，聆聽這一家全部科班出身的音樂家們，在館內所激盪出的茶香琴韻。

「又見一炊煙」，非常詩情畫意的名字，從台中市區驅車前往，車程約需四十分鐘，但每年十一到十二月熱鬧登場的「新社花海節」期間，時間恐怕要拉長許多。循著蜿蜒的山路虯虯蟠蟠而上，抵達後光看大門口巨石與奇花異木共舞的畫面，就已經感覺不虛此行了。

待進入自然與人工交互構築的月洞門，與豎立一旁的巨大石磨擦身而過後，更是處處充滿驚喜——林蔭深處的古老烤窯、做為圍牆的茅籬、紅花大紙傘下的情人座椅等，都恰如其分的守護一隅。為了維護木造地板的完整與潔淨，進入主建物前必須先脫鞋，一旁還有貼心的洗腳盆，以巨竹引水，饒富趣味。猛然抬頭，一株結實纍纍的甜柿子就在眼前閃亮著誘人的晶瑩，做為品茶用餐的序曲。

主人杜文浩說早年先在台北經營毛衣事業，後來對餐飲發生興趣，也開設了涮涮鍋、北方麵食館等餐廳；當時他經常喜歡到翡翠水庫上方坪林山區漫步，每當天色漸暗，遠方就會出現陣陣炊煙，讓他充滿歡喜。因此搬來台中後決定實現夢想，在新社偌大的山坡地上，全部自己構思、自行設計，總共耗資四千多萬，陸續從各地包括日本等收集建材，以綠建築的標準打造了主建物，周邊也全以木格框飾玻璃落地拉門或窗以吸納更多陽光，加上遍植的奇花異草，以及一大片隔窗便可清晰瞧見的鏡面水塘，夜晚加上柔和的燈光投射，彷彿置身日本京都的繽紛，最是令人沉醉。

杜文浩說，占地一千坪的庭園布置，都盡量以天然素材、不破壞生態環境為原則；以入口處的一株巨大奇木為例，原本是擋在友人家居門牆的一棵老樹，在不傷

已故老畫家的達摩畫像在茶席前依然不改濃濃的和風元素。

▼在和室包廂內與主人杜文浩（左三）共進無菜單的亞洲創意料理。

害房舍與地基的原則下，聘僱工人以人工挖了三天，再雇用大型貨車移植過來。又為了引來台灣美麗的紫斑蝶，特別請教專家種植了一大片高士佛澤蘭草，每天都能吸引許多蝴蝶前來覓食，尤以八月初最多，數以千計的紫斑蝶曼妙飛舞，將園內的奼紫嫣紅點綴得更加浪漫。不過他說要維持整體的花團錦簇可不容易，一個月光是茶館內部聘請專門插花老師加上花材就得付出四萬大洋，外部偌大的庭園就更不用說了。

除了品茶，餐食則類似台北食養山房的「台式懷石料理」，無菜單，全依當令季節性食材，少油、少鹽，佐以少許的水果醋。但杜文浩堅稱這是他獨創的「亞洲創意料理」，提倡慢食，沒有續場，光廚師就請了十位。杜文浩說當地新社農會與導覽協會共同推動、帶動農民成長的「紙風車計畫」，

▼又見一炊煙隔窗便可清晰瞧見鏡面生態水塘。（蔡長宏提供）

▲鏡面般的生態池蕩漾著日式迴廊與蒼松，讓人分不清建物或倒影。

提供嚴苛的有機、無毒認證，「又見一炊煙」就榮膺五顆星的食安管理最高評價，豐富精彩的料理卻不致造成身體負擔，也令人回味再三。

走進大部分以原木構成的館內，處處可見典雅寫意的和式空間與驚喜，例如視線從樓梯間的圓月洞穿過，極簡的禪風茶席便進入眼簾，隔著叢叢綠葉與紅花告訴來客「有圓即是有緣」。而主人本意為「柳暗花明又一村」的原木隧道，也讓我想到日本當代文學大師川端康成名著《雪國》文首：

穿過長長的隧道便是雪國。夜空下，大地一片白茫茫。

儘管穿過後，一大片鏡面般的生態池蕩漾著燈光投射的裊裊炊煙，日式迴廊與蒼松緩慢寧靜的節奏，讓人分不清建物或倒影，與大師書中的意象不同卻又有幾分相似。留學日本多年的好友美麗直嘆彷彿置身日本嵐山嵯峨。轉個彎，又是另一種風情，南部鐵器自在鉤垂掛的火塘周邊，幾隻陶藝家創作的貓兒正虎視眈眈的望著肥魚，本土陶藝家燒造的茶壺與杯具，則安靜的在老舊木桌上搔首弄姿，一大堆客人就在前方享用美食，聆聽陳家兄妹的演奏，更不知今夕是何夕了。

不過杜文浩也表示，只有接待外賓或特定團體要求，或有重大節日（如館方週年慶）時，才會邀請陳家兄妹的「集集絲竹箏樂團」前往表演。

日式老屋、藝術街與稻田中的茶香

▼悲歡歲月將日式老屋大幅改造為茶館，內部空間則盡量維持原貌。

▼二月山家靠窗的桌上堆滿了各種茶書與茶器。

在台中，經常可見日式風格強烈的喫茶館，其中有日據時代留下的老建築，完整保留了鱗鱗千瓣的屋瓦與大部分的木造結構，甚至還能看見玄關外，青苔已然浮現的暗鬱青石。也有日式老屋拆除後留下的老舊建材，易地重建或用於室內的整體規劃，因裝潢布置而浴火重生；還有直接在新建築內以和室為主體設計的茶屋等。

入得室內往往必須脫鞋，圍著榻榻米上素雅潔淨的矮几盤坐，待香濃撲鼻的熱茶入喉，聽主人娓娓述說相關的淵源與軼事，回味的不僅是老一輩的日據時光，還有更多年輕族群的扶桑情懷吧？

▼昭和茶屋收藏不少日本老鐵壺與銀壺。

日據時期老屋重現——龍井昭和茶屋

王佑任是一位資深地政士，也就是俗稱的「代書」，也是中華方圓茶文化學會的一員，不僅喜愛喝茶，也熟悉來自日本的煎茶道與抹茶道，還會自己研磨茶粉、打抹茶。面對近年全台房價飆漲、台中到處可見新建的大案，業務增多了，卻眼看一棟棟的老屋被無情拆毀，讓他「一則以喜、一則以憂」。

於是，另一個自己半夜站出來向他挑戰，他開始瘋狂收藏各種日式茶器，包括近年最夯的老鐵壺、銀壺；煎茶道用的急須、土瓶等。甚至在怪手摧殘一棟棟老屋的同時出手搶救，例如二〇一二年二月間，台中清水大街路上，日據時期「清水市役所」做為宿舍的整排街屋，王佑任硬是在千鈞一髮之際，將門牌五十九號老屋拆除的梁柱與門板等，總共兩萬噸的舊木料完整保留、悉數買下。

王佑任說，儘管早年便宜收購的鐵壺銀壺，今天都已飆至高不可攀的天價，讓他頗為自得；但收購的大批舊木料也得找個適合的新居安頓。因此他來到了龍井區的東海藝術街，那是大度山下一個聚集人文、藝術景觀與社區意識的社區，幾條沿著小斜坡而建的街道，有各種充滿個人特色的咖啡店、英式下午茶、精品店，以及異國風味餐廳或商店，有歐洲復古的氣氛，也有後現代的氣息，可就是沒有一家東方茶館。

付諸行動後，王佑任在龍井區藝術南街租了間不算太大的店面，請來一批擅長木工、電器的朋友們來個大改造，以原始工法重新設計，再用搶下來的舊木料逐一復原老屋的風貌做為茶館，

用搶救下來的舊木料逐一復原老屋風貌的昭和茶屋。

▼昭和茶屋主人王佑任以石磨親自研磨抹茶用的綠茶粉。

就連一九五〇年代以前、連接電線的白色陶瓷「礙子」，他也想方設法到日本尋找，以明線方式嵌在木造的天花板上，像白色的星子們般在夜間輝映昏黃的燈泡，以及店內瓶瓶罐罐的茶品。

總共花了上百萬裝修，王佑任將改造後的木屋取名為「昭和茶屋」，還特別釘上原有的「清水大街路五十九號」門牌。保留了窄小的木做陽台，讓來客可以悠閒的坐在老舊的竹椅上曬太陽，或看星星、望月亮、品茶香。

走進昭和茶屋，琳瑯滿目的日本鐵壺、銀壺，大大小小的陶甕裝滿了各式各樣的台灣老茶，玄關旁的和室只有兩帖半榻榻米，王佑任笑說日本茶聖千利休的茶室也不大，追求「和、敬、清、寂」的侘茶境界才重要，因此他的抹茶都是以新鮮綠茶親自研磨，打抹茶時更特別專注。

外觀看似不起眼的日式木造老屋，卻深受年輕人的喜愛，許多新人還特別穿上懷舊的服裝，在茶館內外拍攝婚紗，王佑任也徵得他們的同意，將照片製成明信片，讓許多日本觀光客聞風而至。

除了茶道，王佑任每年還在這小小空間舉辦音樂會，以陽台做為舞台，敦親睦鄰後的街道做為觀眾席，請來南管、台灣唸歌、大提琴、古琴、原住民吟唱、布袋戲、古典吉他等表演，東西方各種不同音樂元素結合濃濃茶香，王佑任說連月亮都深受感動，為藝術街的難得盛會守候了一整晚，直至人潮散去。說著說著，他的眼眶忽然泛紅，原因是茶館根本入不敷出，他還得繼續工作來「養活」茶館，因此營業時間從下午四點才開始，晚間九點半打烊，每週一、二公休。

▲昭和茶屋設有簡單的和室做為茶道之用。

▼二月山家隨處都瀰漫著一股淡淡的茶香。

車輛還沒駛進東海藝術街，潔淨的道路右側就遠遠瞧見「二月山家」偌大的招牌，隱含禪意的名字很難不引人注意。趕緊將車停妥，入內探個究竟，果然是「望山天、品芳茗、酣文醉景」的一家餐飲複合式茶館。

主人鍾盛能伉儷是非常資深的茶人，儘管茶藝館盛況不再，卻能以美食料理與店內琳瑯滿目的茶器、茶品，繼續在以異國風味為主的藝術街，為東方茶撐住另一片天。看到我遞出名片，他笑著拿起手上正待剝開的普洱青餅說：「就是看你寫的《普洱藏茶》一書，才找到這款好茶的。」仔細一瞧，果然是遠在雲南普洱市九甲山區哈尼族好友小艾所做，睹物思人，備感親切，兩人一下便熟絡起來了。

放眼望去，偌大的空間隨處都瀰漫著一股淡淡的茶香——除了泡茶或用餐的長型木桌，茶几上堆滿了各種茶書，大多為骨董傢俱，看來典雅又大器。牆壁上則掛滿了字畫，古色古香的櫥櫃擺滿了各式茶品、茶壺與竹器茶則，甚至早年常見的玻璃膨酐等，櫥櫃也做為空間區隔之用，整體看來有點擁擠，卻雜而不亂。

鍾盛能謙虛的表示店內餐飲只是「粗茶淡飯」，但乍看菜餚的色香味，已足以讓人食指大動了。他說二月山家也經營民宿，希望我下次來能夠在此留宿一個美好的藝術街夜晚；而茶館平日且不定期舉辦茶會，也有插花教學，每週五、日消費還贈送免費算命一次，顯然對命理也頗有研究了。

尋找藝伎的眼淚——一藤井

第一次發現「一藤井」，源於許多朋友在網路上讚美有加的招牌美食「藝伎的眼淚」，儘管從照片看來，只是一客撒滿黑芝麻與紅豆的香草冰淇淋，卻讓我對主人命名的不凡品味有了深刻印象。就在一次觀賞好友鄭美麗精湛的日本舞踊表演的同時，她提到了一藤井，說她每週四都會專程從台北南下台中，在那兒教授日本舞。

果真「踏破鐵鞋無覓處」，大喜過望的我隨即與美麗約好，隔週的某一個下午就來到一藤井，卻發覺藝伎的眼淚早已絕版，讓

僅供應和菓子與單一抹茶的一藤井茶菓鋪。

我深感失望。主人陳嬿媚解釋說，原本店址在東興路三段與大敦十九街交叉口，熱衷日本茶道推廣的她，原先只希望以餐食帶動抹茶，未料日式餐食卻成了店內最大賣點，包括茶泡飯與各式甜點等，生意好到把自己累癱，也大大悖離了自己開店的初衷。因此半年前毅然將生意臻於鼎盛的店面結束，遷至民生北路現址後，每天堅持僅依季節供應三種和菓子與單一抹茶，例如冬季限定為冬銀、淡雪、冬日三種和菓子，但都必須事前預訂。

▲日本古典舞踊名家鄭美麗在一藤井教授日本舞。

▼一藤井不算太大的榻榻米空間坐滿了慕名而來的客人。

因此茶館全名為「一藤井茶菓鋪」，每天營業時間也改為中午十二時至六時，沒有事先預約則恕不接待，「還能做生意嗎？」看我滿臉狐疑，主人卻一點也不在意，她指著不算太大的榻榻米空間，說當天並非假日，依然坐滿了慕名而來的客人，偌大的落地玻璃將游移的陽光灑向不同位置，也隔開了店外熙來攘往的嘈雜。儘管都只能像上一代日本人一樣跪坐，且單純的品嚐一只和菓子的美味，外加一碗抹茶，卻由於每一桌搭配的軟布座墊，花色各異的濃濃和風，讓每一位來客——尤以女性居多——臉上都掛著悠閒又適切的表情，顯然主人已經實現她最初開店的理想了。

陳嬿媚說過去曾定居日本多年，至今每年依然要密集往返日本多次，因為她的和菓子老師在日本，而店內所有和菓子的原料也全部來自日本。營業時間雖僅六小時，其他時間員工和她可沒閒著，因為每天都有接不完的訂單，包括和式花朵杯墊、座墊以及和菓子禮盒等。

一藤井每逢週四休息，店內卻比平常更為熱鬧，日本舞踊名家鄭美麗就在這裡教

▼一藤井的客人滿臉愜意的品味和菓子與抹茶。

授日本舞以及和服著裝。稱「日本舞踊」，而非「日本舞蹈」，源於日本早期舞者只在榻榻米或地板上移動腳步，做出舞姿，動作優雅含蓄，而腳尖與腳掌均未離地，因此稱「踊」。而其他包含跳躍或撞擊等動作的舞姿，才稱為「蹈」。古典舞踊是日本的傳統文化，也是受到保護的國家資產。至於近代搭配歌謠曲、演歌之類的則稱為「新日本舞踊」或「創作舞踊」。

鄭美麗的日本舞踊屬於「藤間流」古典舞踊，是她歷經日本留學多年、返台後又多次往返日本學習，才獲得家元授予「名取」藤間彩宴，並進一步取得擔任教師的「師範」資格。

鄭美麗說，日本舞踊必須依據不同的曲目風格與意境，展現變化多端的舞姿。因此每一個舞姿動作都須緊扣歌詞寓意，才能融入音樂旋律與歌曲意境，將舞踊曼妙優雅的神韻充分詮釋。而服裝與道具也頗為講究，按照角色的不同特性穿著不同形式的和服，或手持舞扇、雨傘、花束等道具。

稻田中央覓茶香——潭子德芳茶莊

在一次受邀前往台中港區藝術中心演講的場合，結識了中華茶聯台中會的現任會長李以德，兩人一見如故，他一直要我到他的茶館去看看，無奈走出台北市就成了超級「路痴」的我，始終未敢成行。後來又再一次受邀赴台中中興大學演講，禁不起家住台中的金工藝術家蔡長宏一再慫恿，終於搭上他的轎車成行。

這一去不得了，車子駛離台中市區進入潭子區，在黃澄澄的稻田中轉了又轉，儘管蜿蜒的鄉間小路令人遊目騁懷，卻讓我不免納悶「會有人大老遠跑來喝茶

德芳茶莊擺設的每一組茶具都設計成一個漂亮的茶席。

▼稻田中央的德芳茶莊簡單的陳設看來井然有序。

嗎？」總算抵達稻田環抱的「德芳茶莊」，傳說中的濃濃稻香與茶香就在農舍改建的茶館中，交織無限的田園風情，果然是一處另類品茶的好風景。

儘管在稻田中央，德芳茶莊空間並不大，簡單的陳設看來井然有序，也頗具層次的美感。有趣的是無論古意盎然的茶桌，或錯落一旁的案几上，每一組茶具都設計成一個漂亮的茶席，甚至擺放在竹編大型香籃內的銀壺、茶杯或茶碗，也都有模有樣的各自搔首弄姿，讓人不由得會心一笑。

李以德說茶館雖遠離市區，做的都是老顧客，許多人且非用他的茶具、喝他訂製的茶品不可，因此一路走來倒也平平順順，他說自己沒有太大的企圖心，「諸法皆空、自由自在」，做為一個快樂的茶人，也就心滿意足了。

和式老屋品茶香——悲歡歲月

秋意正濃，暖融融薄日加上微微有風，台中市西區的下午顯得格外舒適，一棟日式木造老屋就兀自佇立在大全街與林森路交口，儘管夾在周邊櫛比鱗次的大樓之間有些侷促，依然風韻猶存的散發迷人的風采。推開掛有「營業中」相撲字體木牌大門，茶香伴著歲月留下的懷舊氣息直撲而來，彷彿豬哥亮與隋棠主演的電影《大稻埕》般，時空瞬間拉回一九二四年的日據時期。

房子已達九十歲高齡，歷經政權更迭與多少風雨，甚至九二一中部大地震都未曾撼動它的容顏，完整保留至今。主人吳浩欽說它原本是一位日本農業博士的宿舍，國府遷台後一度做為東海大學師生的聚會場所。二十多年前，吳浩欽收回老房子，將許多塵

悲歡歲月榻榻米、木地板與簡樸的陳設保留日據時期的台灣味。

▼佇立在台中大全街與林森路交口的日式老屋悲歡歲月茶館。

封已久的歷史影子與記憶一一取出，幾經格放與濃縮後，蛻變為今天的「悲歡歲月」，在台中算是元老級的人文茶館了。

吳浩欽說他從小在這棟老屋長大，每一個角落都留有他的歡笑與回憶，而早年一起就讀附近國小的同學，也都經常回來，尋找兒時的溫馨記憶，大夥踩在幾經更換的榻榻米上，依舊點滴在心頭。因此儘管左鄰右舍近年都一一改建成大樓，茶藝館也由盛而衰，他依然堅持守護著這一份時間的軌跡與美好。

大幅裝修改為營業的茶館，內部空間卻已盡量維持原貌，只在機能上稍做修正，包括拆除原先隔間的障子與襖門，讓整個動線更加流暢。同時也改造了原本的日式曬衣場空間，並以植栽美化，而所有陳設也都以仿古明式傢俬為主。

因此悲歡歲月內部不算太大，卻處處充滿經營者的巧思與創意。除了榻榻米與木地板，還有垂掛的大型手工紙燈籠、布袋戲偶以及石雕等，簡樸的手法保留日據時期的台灣味，希望透過老屋與文化的傳承，尋找城市早年的記憶。

▼悲歡歲月每一個角落都留有主人吳浩欽的歡笑與回憶。

吳浩欽說悲歡歲月從台灣茶藝館最興盛的九〇年代開始，當時僅台中市就曾有高達兩百家的茶館，走到今天，稱得上茶館的已不到十五家。同時經營網路科技事業有成的他，二十多年來不知陪伴多少人走過人生的片段——有情侶在這裡約會、戀愛，步上紅毯時還選擇來此拍婚紗；也有情侶或夫妻經常甜蜜進出，後來卻只見形影孤單的獨自一人默默品茶，令人不勝唏噓；吳浩欽說這就是人生，也為「悲歡歲月」做了最佳註解。

第六章 南投縣・嘉義縣市

產茶大縣尋茶館試茶

▼埔里湯園內的日式風格品茶室。

▼壺藝名家鄧丁壽以仿唐式建築風格建造的工作室。

南投與嘉義兩縣，是目前台灣最大、也最著名的產茶大縣，南投鹿谷鄉的凍頂烏龍茶、竹山鎮的杉林溪茶、信義鄉的玉山茶、仁愛鄉的霧社茶與大禹嶺茶以及日月潭紅茶等，早已名聞遐邇。而嘉義縣十八個鄉鎮中，紅透半邊天的阿里山高山茶向為年產值最大宗的經濟作物之一，包括早年的「龍眼林茶」、「瑞峰茶」、「瑞里龍珠茶」、「阿里山珠露」、「樟樹湖茶」等五種口碑與市場反應俱佳的茶品，其中阿里山珠露更曾列入「台灣十大名茶」之中。

南投鹿谷也是台灣岩礦壺的故鄉，知名壺藝家鄧丁壽在九二一大地震後，以鐵皮屋重建工作室，大量採集各種岩礦入陶創作並廣收弟子，因緣際會成就今天紅遍兩岸的台灣岩礦茶器。近年更融入唐朝三疊水的概念，搭建了一座仿唐式風格外觀的工作室兼個人的壺藝美術館，再加入些許佛教文化特色，命名為「我的精舍」。充分利用原有的巨石搭配庭園，成就天然的戶外泡茶空間，在綠浪推湧的茶園之間，透出自然古樸的莊嚴之美，也成了當地醒目的新地標。

在綠意中講茶——埔里湯園

跟「講茶」集團執行長湯家鴻認識有一陣子了，印象中他總是西裝革履，忙著到處講茶宣揚理念，甚至雄心萬丈，要用文創把台灣茶推廣至歐盟。不過每次見面都匆匆忙忙，總算有空跟他到南投埔里的「湯園」看看，這才讓我大開眼界。

從台中市區走六號國道，前往埔里湯園約需四十五分鐘，車程不算太遠。偌大的莊園內，有滿院的綠意與盛開的花朵，遍植的杜鵑、紫薇、梅花、櫻花，以及桂花樹、五葉松等，一年四季都能有花團錦簇的繽紛。主建物則是湯家人耗時兩年、一磚一瓦親手打造，強調環保節能的綠建築，於二〇一〇年正式營運，做為講茶集團分享品茶樂趣的天堂。

在湯園寧靜的空間泡茶也讓心靈徹底放鬆。

不過湯家鴻卻說這裡僅是湯家人舉辦「品味、講茶」的招待所，平日並不對外開放，只邀請講茶的VIP客戶或接受團體預約。到這裡人手一個品茗杯，悠閒的穿梭在歐式、中式、日式、台式等四種不同風格的品茶空間，體會茶香、茶湯及茶點互相搭配的奧妙，可說是忘記時間存在，讓心靈徹底放鬆的一個賞茶極致享受。

湯家鴻也特別做了以品酒方式來品茶的示範，他取出品酒用的高腳杯倒入冷泡茶，再一一遞給每一位來客品賞，也會帶著大家到焙茶室親自體驗茶葉烘焙的過程。

後院還有一棟獨立的「茶窖」，滿坑滿谷的茶品分別用不同材質（陶或瓷）、不同方法（柴燒、瓦斯窯、電窯）燒製的茶倉茶甕收藏，湯家鴻說那是集團與草屯工業研究所合作試驗，由所方提供的茶倉約莫百來個，湯家則提供茶品，以便在若干年後看看不同的藏茶結果。

湯家鴻說終年在雲霧縹緲中的奇萊山，是令登山者又愛又敬畏的聖山，晝夜溫差大、險峻的山勢、布滿黑色岩巖和多層次美麗植物林相的組合，讓奇萊山有著神秘的致命吸引力，而講茶的每一株茶樹就在那充滿挑戰的土地上孕育茁壯，淬鍊出和奇萊山一樣，具有極致吸引力、豐富多元又令人回味無窮的茶香。

果然細細品味他親手沖泡的奇萊山茶，不難體會他辛苦呵護茶園、堅持高品質的用心，溫潤的茶湯與甘醇的茶香滿足感官的渴求，茶湯入喉後產生的回甘和感動則徹底溫暖了心窩，令人回味無窮。

陶藝家夫婦親手打造——竹崎陶花源

從福爾摩沙高速公路下竹崎交流道，沿著阿里山森林鐵路前行不久，依照導航的指令右轉，瞬間吵醒滿地的落葉，車輛駛入濃密的樹林中，「緣溪行，忘路之遠近」，讓人懷疑是否衛星又凸槌了？正在猶豫該不該回頭打電話時，一座跟印象中不太相同的磚造柴窯在眼前豁然開朗，黃色建築的工作室與黑色木板包裹的茶屋緊鄰在側，搖開車窗，蝴蝶飛舞與鳥鳴啁啾同時展開，陽光正灑落深秋如金的輝煌。

彷彿跟著陶淵明走入「中無雜樹，芳草鮮美，落英繽紛」的

從住居茶室透過木窗看見工作室饒富趣味。

▼用餐的大木桌是男主人以歌仔戲舞台的長板實木打造。

桃花源；林蔭深處的「陶花源」主人蔡江隆、吳淑惠夫婦，長年推動阿里山茶區陶藝教學、生態導覽及陶品創作，從二〇〇四年發起「新食器文化」，教導在地數十個家庭共同創作居家常用器皿開始，提倡融入情感、賦予生命力的陶作。進而號召當地陶藝家聚焦地方，燒出最能呈現阿里山茶特色的茶器，以柴燒成就的茶壺、志野釉茶杯與杯托等，在以茶為最大經濟作物的嘉義縣始終引領風騷。

與台灣常見的「穴窯」或日本常見的「登窯」不同，兩邊皆可添加柴火的「半倒焰式窯」，蔡江隆說在美國稱為「鳳凰窯」且甚為常見，主要將窯頂的出煙口向後移至窯尾底部，讓火焰從窯尾透過煙囪排出。他說過去燒穴窯總覺得溫度不夠穩定，改成半倒焰式窯後，受熱均勻，燒成溫度進一步提高，燒成良率也好多了。

自稱「菜頭」的蔡江隆，所有陶藝作品都會含蓄的在底部不起眼處，烙上一只小小菜頭（蘿蔔閩南語）印刻，取代簽名做為落款，也可看出他低調且內斂的個性。

來自雲林縣二崙鄉下的蔡江隆，畢業於聯合工專陶業科，算是科班出身了，退伍後在桃園某陶藝工作室任職，兩年後卻為了女友而搬到嘉義發展，進一步成了嘉義女婿。不過一九九一年成立陶藝工作室，矢志做個專業藝術家，卻讓全家人都捏了把冷汗，甚至擔心他從此三餐不繼。蔡江隆的熱忱投入卻感動了新婚的愛妻，不僅願意跟他同甘共苦，還辭去會計工作一起玩陶，更進一步學茶、染布及插花創作，開啟了拙樸自在的茶陶情緣。

▼悠游自在純樸過活的陶藝家蔡江隆、吳淑惠夫婦。

二〇〇一年夫妻倆在竹崎鄉灣橋村買了一塊山坡地，完全按照自己的理想打造一座現代桃花源，從整地、設計到搭建木屋、種花、植草都親自動手，將住家及工作室融入自然環境。除了注入豐富的陶藝元素外，建築素材與傢俱也盡量採集自然，從撿拾而來的漂流木、老舊日式房屋的廢棄窗戶、窗框，以及棄置的門板、櫥櫃、酒甕，甚至野台戲搭建臨時舞台的實木長板等，透過他的巧思一一賦予新的生命，讓每一個角落都成為美麗的驚嘆號，飽滿的生活美學更讓人備感親切。

從繁華的嘉義市區搬到林樹環繞的竹崎鄉，蔡江隆為夫妻倆胼手胝足打造的家園命名為「陶花源」，在無限寬廣開闊的空間，更能悠游於自在創作的天地。除了積極參與社區營造，也教授陶藝與茶藝；精彩的人文空間更成了各地茶人前往嘉義必定拜訪的朝聖之地。

蔡江隆說，二〇〇七年在太和社區駐村，才開始認真喝茶、進而創作茶器。他說太和出好茶，茶也是社區最重要的經濟來源及生活重心，因此他特別在「北回歸線環境藝術行動」駐村活動中，藉著陶藝帶領鄉親製作茶具組合，實際體驗創作的魅力。吳淑惠也帶領鄉親們就地取材，以「染布」、「插花」等技藝提升茶席內容，進而舉辦各種創意茶陶饗宴發表，

嘉義陶花源偌大的茶器展示間。

▼蔡江隆柴燒創作的茶壺、茶海與杯具在拙樸中更見巧思。

不僅提高茶葉的附加價值，更豐富了地方茶文化特色與內涵。

蔡江隆說自己喜歡柴燒特有的生命力，因此作品大多以柴窯燒造；卻不以「一土、二火、三窯技」的傳統柴燒工藝為滿足，更致力於釉藥的研究，在創作過程中，不斷嘗試各種製作方式與釉藥表現，使得作品色澤飽滿溫潤且更多變化。柴火在體坯留下的火痕，以及不同高溫所產生的不同「窯汗」更加多元；不僅為簡潔的線條與敦厚質感加上層次繽紛的炫燦，又不失深沉內斂的古雅，令人讚嘆。

蔡江隆常說「做陶是夢想，是生活的實踐」，生活美學可說無所不在。例如他以青瓷釉成就的柴燒壺，就是將八八風災留下的太和土石岩礦調入釉藥，取代氧化鐵所燒出，特別命名為「太和青」。而大大小小披著黝黑外觀，卻燃燒著藍色深邃生命的茶壺、茶海、杯具等茶具組合，在以廢棄窗格做為茶盤的極簡茶席上，更彷彿夜間閃爍的星空，引領茶人漱去腦滿腸肥的貪婪，沉澱在寧靜而豐富的茶世界裡。

細看他以志野釉燒造的提梁小壺與茶海，看似簡單的造型卻蘊含流暢的曲線，淡淡的粉紅底色覆蓋層次豐富的大地或橙紅、灰褐等色彩，略長的壺嘴無論出水或斷水，皆在明快的節奏中拖曳優美的弧線。外觀纖細的茶海更帶著巴黎畫派大師莫迪里雅尼（Amedeo Modigliani）的優雅，並在內緣流釉接續岩礦多變的晚霞，再深入底部點亮彎彎曲曲的燈火，豐富的意境令人沉醉。蔡江隆淋漓盡致的將大地的生命力融入泥與火中，結合了在地的山區意象與現代情境，可說野趣天成。尤其歷經高溫淬鍊，作品依然呈現流動的盎然生氣，彷彿生命的韻律在柴燒釉色間永不停歇。

陶花源內還有吳淑惠琳瑯滿目的魚系列陶藝創作，源於從小陪著父親四處釣魚，不時還要幫忙料理，因此長大後玩陶，也多以魚為創作題材。儘管魚種或表情各異，卻都呈現歡悅悠游的樣貌，洋溢著夫妻倆歡喜的心。

兼做為茶席空間布置的陶花源起居室。

全台第一家以茶為主題的旅店——桃城茶樣子

▼在茶樣子每一處角落都能輕鬆泡茶或下棋聊天。（唐文菁提供）

茶樣子大廳內的沙發區充滿濃濃的茶氛圍。（唐文菁提供）

茶席，總有結束的時候，正如邱吉爾的名言「酒店打烊我就走。」當品茶的客人一哄而散，留下司茶人默默收拾茶具、清洗茶杯，心中不免有些落寞。

品完茶，繼續留在茶空間裡，入茶浴、在淡淡的茶香薰陶中慢慢睡去，不必急著離開，這是何等愜意之事？全台第一家以茶為主題的精緻旅店「桃城茶樣子」滿足了多數茶人的夢想，從官網的「楔子」也不難看出主人的企圖心：

二〇一四年，夏，我有一個夢
在茶的故鄉，孕育以茶為主題的旅店
為旅人尋一處忘機的桃源
共品一壺高山樂趣

顯然茶樣子不僅一圓了主人的夢想，也為許多茶人圓了夢。

桃城可不在桃園，它是嘉義市的另一個名字，源於清朝時版圖狀似桃子而名。是以文創設計旅店起家的承億文旅集團，繼「嘉義商旅」、「淡水吹風」、「台中鳥日子」三間旅店後，二〇一四年於嘉義市中心新開幕的茶葉主題旅館。

乍看之下彷彿堆疊的白色積木構成的獨棟建築，細看才發現是一個又一個大型茶箱的堆疊，今日也成了嘉義市忠孝路的明顯地標。而在硬體設備或體驗活動設計上，

▼桃城茶樣子一樓旅館的接待大廳。（唐文菁提供）

則提供旅人所有感官上的茶文化體驗，與茶香四溢的舒適空間；包括聞茶香、品茗茶、入茶浴、茶染手做等。

住宿其間，更不難看見主人的用心——揉合了不同的茶主題於每一個空間，包括隱含茶氛圍的客房；可以品茗或休憩的茶空間；藝術氣息濃厚的茶藝廊等。不僅跳脫了一般旅店思維，還在阿里山上放養一片有機茶園，為的是提供旅行中的深度文化體驗，讓旅人有機會接觸採茶、萎凋、殺青、烘焙等茶葉的製作過程。

從步入大廳開始，在牆上嚴整列隊迎賓的罐罐茶倉，與滿滿牆面上茶元素的布置，都以說故事的方式一一映入眼簾，再看以二十四節氣中的四種節氣「穀雨、夏至、白露、小雪」與「歲時紀」等命名的房型，空氣中瀰漫的淡淡茶香沁入心肺，讓人完全沐浴在茶的世界裡，好不快活。

第七章 台南都

府城老屋變身美麗茶館

▼台南所留存的古蹟是全台最多，圖為安平古堡台灣城遺跡。

▼奉茶的大圓紙燈加上老木桌椅，提供味覺與視覺的享受。

台南是台灣最早開發的城市，早於一六三一年，荷蘭人就在此建城。明朝永曆十五年（一六六一），鄭成功收復台灣，將台南做為全台政治與經濟中心。清康熙二十二年（一六八三），台灣收歸清朝版圖，台南改為「台灣府」，正式列為台灣府治。直至清光緒十三年（一八八七）台灣建省，才改為「台南府」沿用至今。

做為台灣第一個發展文明的都市，以及台灣歷史文化發跡的源頭，歷經了荷蘭、日本等異族的統治，台南市有著台灣其他城市所沒有的文化內涵，所留存的古蹟與老舊建築也是全台最多。所謂「一府二鹿三艋舺」，指的就是台南府、鹿港與台北的萬華。

台南雖不產茶，卻有著豐富繽紛的茶文化，不僅全台第一家茶飲店「雙全紅茶」與台灣第一家茶行都在台南，全世界第一杯珍珠奶茶也是在台南的「翰林茶館」誕生，茶的歷史與文化悠遠且輝煌。

▼將府城老屋一一變身為美麗茶館的葉東泰。

正如台灣文壇先賢、生於台南府城的葉石濤所說：「這是個適於人們做夢、幹活、戀愛、結婚，悠然過日子的好地方。」可惜今天留下的許多各式各樣、韻味猶存的老建築，大多不敵都市的快速發展變遷，而不斷面臨拆除改建的命運。因此一群熱心人士懷抱守護老屋的理想，成立「古都基金會」，將理念和創意透過細膩的設計融入老屋，讓台南市重現府城懷舊的昔日風華。

台南老字號的「奉茶」創辦人葉東泰就是其中之一，他不僅擔任古都基金會董事，也身體力行，結合茶藝與文化創意，將老屋變身為美麗的茶館。而經由基金會的努力，台南至今已有許許多多的老屋再生優質案例，如做為餐飲的「鯨吞燒」、「破屋」，以旅店民宿為主體的「佳佳西市場旅店」、「台窩灣民居」，或做為婚紗或展覽空間的「飛魚記憶美術館」、「草祭二手書店」、將軍區「方圓美術館」等。

以座落台南市中西區公園路的奉茶總店為例，就是建於一九五四年，由戰後第一位女建築師所興建的「崇德貿易行」原址。葉東泰本是澎湖人，國小時來到台南就再也離不開，從台南最著名的泡沫紅茶起家，於一九八九年開設工作坊，一九九二年才將這棟老屋頂下，改建為今天的「奉茶」，一樓空間清楚區隔泡沫紅茶外賣與古意盎然的老茶莊，二樓則做為茶館與茶餐廳，還曾在二〇〇一年官方所舉辦的奶茶競賽中，以「龍目棗厚道鮮奶茶」勇奪全台第一名。

走進一樓茶莊，架上琳瑯滿目的茶品，幾乎全是古意盎然又

奉茶保留了老牆與木造天花板，思古的情懷又帶了些後現代的前衛氛圍。

▼奉茶一樓茶莊架上的茶品幾乎全是古意盎然又充滿趣味的四方紙包。

▲在奉茶品茶或用餐，每個小細節都能感受葉東泰的用心與創意。

▼奉茶一樓茶莊的茶品與茶具。

充滿趣味的四方紙包——葉東泰除了親自設計了七款以台南古蹟命名的伴手禮，特別委請台灣木刻版畫名家宣霈繪製漂亮的茶包，還有為文化資產保護協會量身訂做的紀念茶包，找來了專門畫神像、畫廟宇的老畫師繪製，透過巧思與藝術留住府城愈陳愈香的濃濃古早味。葉東泰說希望遊客或愛茶人帶走的不僅僅是茶的香氣，還能將府城之美傳播出去。

經由斑剝的樓梯爬上二樓，偌大的空間保留了老牆與木造天花板，搭配月亮般數個大圓紙燈，加上早年留下的木桌椅，思古的情懷又帶了些後現代的前衛氛圍，淋漓盡致的提供味覺與視覺的享受，彷彿對著每一位來客娓娓訴說老房子的故事與滄桑，讓首次到訪的我眼睛為之一亮。

對老屋充滿情感的葉東泰說：「如果徒有懷舊而沒有生命，房子只會是一個空殼而已，重點是老屋與人之間的使用關係。」駐足在館內品茶或用餐，彷彿時間就此打住，每個小細節都能感受他的用心與創意。

因茶重生的四大名園柳屋——十八卯

▼十八卯茶屋為日據時代保留至今的三層樓全木造建築。

▼十八卯茶屋頗見巧思的茶席擺設。

距離奉茶總店不遠處，建於清朝道光初年的「吳園」，曾是「台灣四大名園」之一（其他為新北林本源園邸、霧峰萊園、新竹北郭園），可惜今天僅存巴洛克式建築「台南公會堂」、被百貨大樓包圍的水榭樓台，還有一棟木造的「柳屋」，目前統由台南市文化局管理。

三層樓全木造建築的柳屋始建於日據時期的一九二九年，原本稱「柳下屋」或「柳下食堂」。葉東泰接手經營後，以柳字分拆命名為「十八卯」，取閩南語「靡靡卯卯」諧音拆毀重生的意涵，還選在瑪雅預言二〇一二年十二月二十一日世界末日當天，舉辦末日告白茶席，品嚐「最後一碗圓仔湯」，活動持續至深夜，並於翌日清晨卯時邀請大家享用「重生早餐」，隆重開幕。

木屋最大特色是利用位置的高低落差設計，外牆四周以雨淋板圍封，屋頂則鋪上灰色水泥瓦，與大門口的龍眼樹以及屋後的老榕樹緊緊依偎了八十個年頭。走進大門，兩側各擺了一張飲食攤，接著迎面而來的一樓則提供喝茶及享用輕食，老舊的原木櫥櫃擺滿了在地名家創作的茶壺、茶碗，與金工或木器打造的茶則、茶匙；伴隨著一大片落地木格玻璃窗，以及木桌、藤椅、廢棄縫紉機做成的桌腳等，將遊客的思緒瞬間拉回一九四〇年代的時空。

「十八卯」二樓保留了完整的日式房屋格局，做為不定期的展場與茶文化空間。平時則有榻榻米上頗見巧思的茶席，以及周邊或坐或立的各種茶具、花器等。

▼葉東泰以閩南語為紅茶寫的打油詩。

喜歡戴著鴨舌帽，一身布衣的葉東泰，近年不斷將奉茶的觸角伸向台中、台北等各大都會，無論駐點老屋或百貨公司，那一股悠然的品茶文化始終不曾改變。儘管台南不產茶，特別喜歡紅茶的葉東泰，卻總喜歡自己做紅茶、烘焙烏龍茶，並以閩南語為紅茶寫了許多打油詩。他常說「茶從山上帶來山林野趣，也帶來農人的辛勤與努力，在城市裡，幸福沒有特別神秘，只要一杯茶我就可以得到一個宇宙的寧靜」，令人動容。

離去時葉東泰說：「我們努力成為一家有茶味的所在，與府城一同呼吸。『平淡』是我們平常最美的茶館生活，把茶泡好，看看客人的微笑，我們心滿意足。」這就是葉東泰，我特別喜歡他對茶會、茶席的堅持，更記得他慣有的一抹微笑，那樣平淡、知足又充滿自信。

十八卯二樓周邊或坐或立的各種茶具、花器。

三位前後會長的不同茶風

▼每年三月底在台南舉辦的春日茶會已成為全國茶藝界的盛事。

▼藝境茶軒珍藏的石灣陶名家曾力樂女系列。

晴豔豔的午後，茶香混搭著淡淡花香在空氣中幽幽放送，還有一些南台灣的熱情呼吸吧？視線隨著飄揚的「春日茶會」旗幟一面面移動，環繞文化中心的人工湖彷彿護城河般，深沉黛綠襯托一個個相連的茶藝市集，由路旁入口一直延伸至主舞台。

由台南市茶藝促進會、中華茶聯台南會與台南市文化中心，每年三月聯合舉辦的春日茶會，以及十一月在台南著名古蹟赤崁樓舉辦的「赤崁夕照」茶會，十多年來不僅是府城的大事，也早已成為全國茶人共同參與的茶藝盛事。

顯然台南市茶藝促進會歷任會長的努力付出功不可沒，他們除了在任內積極舉辦各種茶會、茶藝交流活動等，平日也開設茶藝館或茶藝班，熱心推廣茶藝教學，並協助新會長推動會務，使得台南的茶香與它悠遠的歷史文化一樣，洋溢繽紛多彩的一面。

鋦補茶器更見茶香——藝境

彷彿還帶著殘茶的淚珠，從歲月中一一甦醒；大大小小的陶壺、茶海、瓷杯、瓷罐、花器等堆滿了偌大的木桌與櫥櫃，從外觀來看，年代應該涵蓋了明清、民初到現代，不同的是每個茶器都有或大或小、縱橫蜿蜒的裂痕，一根根鋦釘則羅列或散落其上，年代久遠的鐵釘早已鏽蝕變黑，銅釘或銀釘也多有明顯的氧化現象，看來較新的茶壺則以K金的閃爍如星座般耀眼排列。

儘管尚未造冊細數，主人曾志成告訴我，鋦補的藏品至少有兩百多件，每件都是獨一無二的

曾志成收藏的鋦補杯具也十分驚人。

▼台南市茶藝促進會會長曾志成與擔任茶藝教師的愛妻游淑真。

孤品，可說彌足珍貴。我想起多年前在國立歷史博物館舉辦的「寶璺藏神——鋦瓷展」，由收藏家潘建中與張耀元兩人提供的展品，也差不多是同樣的件數，兩岸媒體還定位為藝品收藏的「潛力股」，令人印象深刻。

話說我在二〇一二年出版的《台灣茶器》一書中，曾提到陶瓷茶器的鋦補，並說「鋦釘改用K金，是避免傳統鐵材鏽蝕或銅材致毒的疑慮，技藝則來自一位台東的蔡姓師傅，可惜早已失去聯絡，讓我無緣一窺台灣鄉野奇人的驚世絕活，未免遺憾」。

書出版後不久，部落格就收到熱心的回應，讀者曾志成在留言板中，詳細告知鋦補師傅的姓名與聯絡方式。原來巧手補壺的師傅叫蔡佩君，而他手上也有不少蔡君所鋦補的茶壺，希望有機會能夠讓我親自過目。

中文系畢業的曾志成，曾受教於龔鵬程、李瑞騰等幾位我的學者好友，讓我對他有了進一步的認識——曾君說大學畢業後做過幾年記者，卻因為愛茶成痴，回到台南老家創辦「藝境」茶軒，與擔任茶藝教師的愛妻游淑真共同打拚，除了台灣老茶、普洱茶等茶品，也代理兩岸壺藝家的作品，結合古典文學與茶文化，在府城頗負盛名。

其實早在物質不甚豐厚的年代，兩岸民間都有所謂的「鋦瓷匠」，專門為人修補破損的陶瓷器，閩南語稱為「補硐仔」。鋦匠最早曾出現在宋代張擇端《清明上河圖》中，老行當至少已傳承千年以上。假如眼力夠好，在兩年前來台展出的會「動」版《清明上河圖》中，也能驚鴻一瞥發現，只是絕大多數的現代人無法體會罷了。

名作家亮軒也曾告訴我，說鋦補技藝早年非常普遍，沿街挑擔叫喚做小生意，幼年時也常見鋦匠在家門口坐著小凳補碗。不過他說日本卻無此行業，使得日據時期許多在台的日本人，故意打破碗盤請鋦匠補好，視為珍品。而巴基斯坦、孟加拉、印度等國也有這樣的技藝，不限於中國。唯一可以肯定的是——陶瓷品自中國而出，技術應該也是中國傳過去的。

▼曾志成罕見的折腹碗收藏，各自有獨一無二的裂痕與鋦釘。

而號稱「關外鬼才」、名字已做為中國鋦瓷技藝申報非遺名錄的王老邪，近三年來年年受邀來台傳習鋦補技藝，使得台灣近年也吹起了一陣鋦補風。不過他在台的嫡傳弟子李國平卻告訴我，儘管王老邪至今鋦補過的名壺不下千百，卻始終堅持使用銅釘，理由是銅釘會隨著茶器的熱漲冷縮而跟著收放，

▼從歲月中一一甦醒的鋦補茶壺都是獨一無二的珍藏孤品。

使得鋦補後的茶器不致隨著歲月或氣候變遷，或冷熱水頻繁使用等因素而有再漏水之虞，而現代人喜歡的金釘或銀釘就無此特性了。

「鋦」字在《辭海》的解釋為「鋦子，一種兩端彎曲的釘子，用以接補有裂縫的物品。」大陸的《新華字典》則定義為「用銅鐵等製成的兩頭有鉤可以連合器物裂縫的東西，稱鋦子。」至於鋦釘，除了特殊較大的梅花釘外，台灣大多稱為騎馬釘，對岸則多以螞蝗釘稱之。

二〇一四年開春甫接任台南市茶藝促進會會長的曾志成，說三、四年前，在三峽老街驚豔鋦補後的茶壺，因而開始廣為徵求收集。此外，自家茶莊所售出的茶器，運送過程中不慎破損或有瑕疵遭到退回，他也不忍丟棄，經由友人推介認識蔡師傅後，就都送往台東太麻里請求鋦補，甚至不惜遠赴對岸尋訪名師動手。因此手中的藏品，從明清到近代台灣名家如蔡曉芳、章格銘、江有庭等都有，儘管所費不貲，每補一枚K金鋦釘要價六百至千元不等，往往鋦補的工資遠超過原本茶器的價格，依然樂在其中，多年下來才累積了豐富的收藏，甚至連早年的玻璃膨酐與花瓶都在他的珍藏之列。

▼碗盤、花瓶以及各式各樣琳瑯滿目的鋦補陶瓷器。

難能可貴的是，茶器或其他青瓷中不乏多件成套者，曾志成居然也能完整收羅，例如六個罕見的「折腹碗」，除了青花圖案不一，各自還有獨一無二的裂痕與鋦釘，令人大開眼界。曾君取出一個明末留下的大花瓶，在有如絲丘緞稜般肌膚的粉彩表面，滿布的鋦釘居然包含了鐵釘、銅釘、銀釘與金釘，顯然百年內破損不下三、四次，歷經清代、民初及近代不同主人與不同工匠、不同鋦材的修補，各個年代的鋦釘以不可置信的優美弧度連接，緊密咬合，黝黑稍大的鐵釘更像存放數十年的芽茶那樣沉重，卻任由歲月進行熱情的撫慰。

而歷代主人的不離不棄，尤讓我深深感動。

店內有一組中國石灣陶名家曾力的樂女系列作品共六尊，或彈奏琵琶或吹笛或吹簫，儘管體型不小、表情各異卻都栩栩如生，令人驚豔。問起來歷卻更叫人跌破眼鏡——原來二十年前在淡水逛街，僅一面之緣的店家居然開口商借十萬元，在當時算是大數目了；曾志成當下卻立即應允，事後店家又要求以樂女系列抵債，他也毫不猶豫收下，著實讓太座嘀咕了好一陣子。直至最近不經意翻看某拍賣雜誌，才知今天已有數倍天價，他笑說或許「天公疼憨人」吧。

藝境茶軒每天都有遠道友人慕名而來。

府城文教區內的茶香——集秀

十多年前就擔任過台南茶藝促進會會長的陳麗珍大姐常說，自己教過的學生如今都已是各具名望的茶藝老師了，可知她在台南茶藝界的資深地位。

座落台南市東區，周邊不乏知名學府如成功大學、台南一中、光華女中等，陳麗珍在文風鼎盛的文教區開設的「集秀」茶屋，至今不過短短五年。儘管面積不算太大，在簡約風格中卻隨處可見細緻的繽紛，誠屬難得。

取名「集秀」，陳姐說源於某位書法家致贈的一幅中堂，「集合美好的人事物」正是集秀成立

以集合美好的人事物為主張的集秀茶屋。

▼集秀櫥窗內琳瑯滿目的茶器與文物收藏。

的主要標的吧。位於交叉路口的茶屋，兩面都以偌大的玻璃窗隔開外面的繁囂。上午開門後，隨著陽光不停游移，從僅有的一面內牆上懸掛的竹簾，到每個櫥窗、每個角落、甚至一只小壺小杯都無私照射一遍後，慢慢被燈光所取代，女主人自然有自己的領悟，守著厚重的木桌開心泡茶，與每一位進來的客人分享茶香，就是最大的快樂了。

集秀除了賞茶，女主人也特別鍾情於瓷器，包括古瓷與現代的花器、茶器等，櫥櫃裡則收藏了許多紫砂壺，她說那是她較為熟悉的領域，對於近年紅遍對岸的本土陶藝家作品著墨較少。近年則愛上了香道，常看她在用香匙舀起香木，細心的置於銀葉之上隔灰悶香，進行身心的鑑賞和感悟，更讓品茶空間多一份馨悅之香。

▼寬韻茶屋內部極為西方的風格。

還記得早年傳唱全台大街小巷的閩南語老歌〈安平追想曲〉嗎？「放阮情難忘，心情無塊講，相思寄著海邊風」，由〈望春風〉作者、台灣知名填詞人陳達儒所寫的歌詞，不知賺了多少初戀少女的熱淚。後來鄧麗君與江蕙兩位超級天后，也都曾先後一再唱紅。描述的是清代台南安平港的一位少女，與負心的荷蘭醫師生下混血女兒，而女兒長大後又遭受愛人背叛的故事，因此時空背景常被誤認為十七世紀荷蘭人統治時期，其實是發生在十九世紀末，為一九五一年陳達儒與作曲家許石的作品，跨越兩代的情怨題材，不僅在華語歌壇相當獨特，也為全世界所少有。

從台南市區沿著運河前往安平，橫跨運河的「望月橋」正以璀璨的光雕，輝映水中蕩漾的月亮，口中哼著〈安平追想曲〉，那是我高中時經常抱著吉他彈唱的老歌，一路抵達橋畔的「寬韻」茶屋。主人是台南茶藝促進會的前會長江昭慧，迫不及待跟她直上二樓茶藝教室，打開窗，品茶、賞月，看藍色鋼筋結構的望月橋，與圓拱造型的倒影連成一氣的輝煌，真是愜意極了。

寬韵外觀有中國式的花格木窗，與門簾斗大的毛筆「茶」字，進入後整面牆卻是極為西方的木櫃，下方則為類似吧台的長型茶桌；穿越東方古典的大屏風，又是滿滿台灣味的茶席與茶藝教室，兩極化的混搭風格讓人無法清楚定位。主人解釋說，希望保留東方的、中式的幽雅茶藝氛圍，又能以現代的陳設吸引更多年輕人進入茶的世界，可說用心良苦。

果然不時有望月橋上的遊客循著茶香而來，男女老少都有，甚至還有對岸觀光客進入後議論紛紛。主人說除了定期舉辦茶藝教學外，也常有團體來此舉辦茶會或茶席，看她一個人忙上忙下，依然笑盈盈的快樂品茶說茶，阿亮也忍不住要說「有茶真好」！

▲寬韵中國式的古典花格木窗屏風與茶器。

▲橫跨安平運河的望月橋圓拱造型方便漁船通過。

第八章 高雄都

熱力四射的港都茶情

▼熱力四射、魅力高雄的代表——愛河。

高雄縣市尚未合併的一九九九年，我還在新聞周刊擔任總編輯；由於長期以來，新聞報導普遍予人「重北輕南」的觀感，因此社方特別製作一期完整的「高雄專輯」，我也派了幾位記者南下採訪，就在地文化與民情、經濟與投資環境等做了完整報導。截稿當日，執行主編擬妥封面標題呈上，居然是「俗擱有力！高雄」，讓我大吃一驚，深怕引起反彈。當下趕緊把記者請來詢問，還撥了電話給高雄文化界與政界的幾位好友求證，沒想到回答居然都是正面的，用閩南語來說不僅豪氣十足，也頗能貼切高雄人的熱情開朗。

果不其然，近年多次前往高雄，無論受邀演講、採訪或舉辦個人簽書會，感受到的幾乎都跟南台灣的豔陽一樣——除了熱情、還是熱情。就像陶淵明在〈桃花源記〉所說「便要還家，設酒、殺雞、作食。」儘管茶席的擺設與茶藝表現，與台北並無太大不同，但愛茶人對茶的那一份執著，以及演繹茶席時的熱忱與專注、奉茶時的真性情等，都讓長期待在「天龍國」的茶人讚嘆不已。正如二〇一三年高雄港內療癒效果十足的黃色小鴨，或愛河飽滿的陽光與蕩漾的水波一樣，總是帶有一股令人難以抗拒的魅力，那樣熱力四射。

二〇一四年十月，中華茶聯高雄分會還特別登上大型遊艇，由高雄港駛出，在近海「快樂出航」，舉辦「暮夜遊港、茶繡香」海上茶會，來自全台各地的茶人，由高雄茶聯會長馮文炫領軍，分別在艇上擺了十七桌不同風格的茶席，讓台灣多元繽紛的茶藝首度登上海洋，展現「海洋台灣、魅力高雄」的港都特有茶情。

正面向陽的茶香品味——一蕊花

▼一蕊花極具品味的賞茶空間。

▼一蕊花是女主人胡定如親手打造與設計擺設的茶空間。

走進高雄大統百貨，才剛步出十樓電梯，就有陣陣茶香幽然飄送，來源正是「誠品書店」內的「一蕊花」茶館。看似五十坪以上極具品味的賞茶空間，一問之下才知道，連同走道不過三十五坪大，女主人卻能以不凡的設計擺設，做出了看來寬敞又明亮的茶館，令人讚嘆。

果然女主人是畢業於復興美工繪畫組的胡定如，不僅親自設計陳設，還親手以壓克力顏料或油彩繪製牆上的花。從入口處大型燈箱上，以花蕊結合台灣圖形的商標，以及「織衣、傢俱、玩味、品茶」的大字來看，強調「茶」應該包容在多元繽紛的文化之內。放眼望去，以豐富茶器、陳茶以及玉器、古典傢俱收藏或多寶格巧妙隔開的不同茶桌與茶席，讓人感到茶香滿滿的舒適與愉悅。

來自台北內湖的胡定如，二十年前嫁來

高雄，從事房地產投資為自己賺得第一桶金後，卻幡然頓悟，除了大量購入古典傢俱，將整個兩百坪的倉庫塞得滿滿，也在大社觀音山上開設「觀音山房」大型茶館，聲名曾遠播全台，據說當時不少政要與文化界重量級人士，都曾不只一次造訪。恢復單身後，先在高雄「夢時代」百貨公司內的誠品書店開設茶館，五年前才遷移至此。問她為何執著於誠品？她說誠品書店的客人都較有文化、懂得品味與欣賞，這也是在整個大環境不利茶館的氛圍下，「一蕊花」仍能屹立不搖的原因吧？

▼一蕊花的櫥櫃桌椅都來自女主人收藏的古典傢俱。

胡定如說一蕊花是她投入茶領域二十多年來，不斷持續堅持的理想。她說：「店裡的顏色，藍色是海，土色是大地，紅色是我的熱情，還有一顆活跳跳粉粉的心，這是我用的顏色喔。」對於自己一手打造的品茶、賞器空間，似乎頗感自得。尤其每當聽到客人說「到了一蕊花，煩惱憂傷都想不起來了」，就是她最大的快樂了。

取名為「一蕊花」，用閩南語來唸，更能貼切高雄人的品味，她說一蕊花不僅簡單好記，也代表是個完整的一切，「蕊」是有文化、有情感的文字，「花」永遠代表著正面向陽的美麗。她說如果每個人都可以常常坐下來喝杯茶，所有的空間韻味就會變得更美，這也是她始終追尋的夢想。

茶館內無論櫥櫃、桌椅幾乎都來自女主人收藏的古典傢俱，儘管那只是她的九牛一毛，卻也夠教人驚豔了。同時也會拉坯創作茶壺的她，說自己作品早已售罄，近年則因太忙而少有創作，「非常對不起家中已蒙上厚厚灰塵的瓦斯窯與電窯」，語氣裡多少有些無奈，因此店裡除了品茶，也致力推廣許多本土藝術家的茶器作品、織衣等。

不過胡定如並沒有忘情台北，她說那畢竟是她生長的故鄉，因此最近也頻頻北上，除了回家看媽媽，也希望能在台北都會覓得一個新的據點，繼續弘揚她的愛茶觀點與理想，「從南部贏回北部」，或許在不久之內，就能看到一蕊花光燦耀眼在台北登場了，我們且拭目以待。

一蕊花無論茶桌或茶器都極其講究。

廣西奇女子的台灣茶情——陶普莊

二〇一四年十月某日下午，南台灣秋老虎的熱情依然大力放送著。就在高雄市三民區十全二路上，一向熱鬧滾滾的「高雄玉市」對面，以收藏台灣名家茶器聞名的「陶普莊」，一樣人聲鼎沸。原來當天正舉辦盛大的作家簽書會與柴燒作品發表，主人特別從台北請了阿亮與陶藝名家翁國珍專程南下，在沒有任何奧援或團體協辦的情況下，居然也能辦得有聲有色，讓高雄茶人紛紛豎起了大拇指。

主人是來自中國廣西的奇女子舒成麗，二〇〇八年嫁來台南

陶普莊有來自全台各地陶藝名家的茶器作品。

▼陶普莊女主人是來自中國廣西的奇女子舒成麗。

成了台灣媳婦。人說「桂林山水甲天下」，桂林長大的舒成麗一樣有著桂林山水的秀麗。二〇一一年才接觸柴燒，旋即拜在陶藝家孫凱宏門下學習拉坯做壺，儘管並沒有繼續「專心」當一位陶藝家，卻開始在玉市擺攤推廣陶藝家的創作，並在二〇一三年正式開店。與桂林山水同樣大器的心胸與熱情，讓她很快結交了許多陶藝家友人，大家都非常樂意把作品交給她推廣，短短一年多，陶普莊在南台灣的名聲不脛而走，成了愛茶人品茶、賞器的最愛。

不過，這個台灣媳婦還真的不簡單，跟著公婆同住在台南的她，每天上午送小孩上學後，隨即要趕到火車站搭車赴高雄，再騎著電動車前往玉市，每天來回車程至少要花上兩個鐘頭。還得三不五時遠赴台北、鶯歌、三義等地拜訪陶藝家，卻從不喊累。

命名「陶普莊」，源於台灣老公的普洱茶事業，因此店內除了台灣茶也有普洱茶，更多的是來自全台各大名家的茶器作品，包括翁國珍、李仁嵋、游正民、羅石、吳金維等人。看她努力學習茶藝、費心擺設茶席，並親自為每一位來客泡茶，專注的神情令人動容。在她充滿自信的臉上，我彷彿又看到台灣媳婦無比的韌性與競爭力。

▼福運收藏的茶品與奉茶桌。

二〇〇五年以前，人稱「阿惠」的陳淑惠與夫婿羅明福，原本是個快樂的收藏家，多年來手中累積了不少普洱茶，其中許多印級或號級老茶都在近年飆至天價，就在一買一賣間「玩」出了興趣。二〇〇六年，夫妻倆毅然結束了高雄的事業，遠赴中國廣州，在號稱全國最大的「芳村茶葉批發市場」，開始了普洱茶的批發事業。

當時正逢中國經濟快速崛起後，第一波的普洱茶價大漲潮，普洱茶幾乎成了等同股票的投資工具。根據當時廣州報載，全國囤茶人口應超過三千萬人次，導致價格一日三市，夫妻倆的適時投入自然穩操勝券。

只是人算不如天算，飆漲速度過高的普洱茶很快在二〇〇七年崩盤，儘管在兩年後又逐漸恢復，夫妻倆還是回到高雄，於二〇〇八年在鼓山地區開設茶莊，不過卻更加謹慎、步步為營，進貨多以知名大廠品牌為主，也有少量的訂製茶。兩年前遷至現址後，除了繼續經營普洱茶批發事業，也在店內闢出品茶空間，與愛茶人分享藏茶樂趣，從此茶友愈來愈多，「福運」也在港都迅速打響名號。

目前擔任高雄茶藝促進會理事的陳淑惠，近年也積極參加各項茶藝活動，有人說「茶會中只要有熱情開朗的阿惠投入，就必定能順利成功」。因此我幾次南下高雄採訪，幾乎多委由人脈熟絡的她安排，而且每次都有她的好姊妹陳淑端、陳柔安，共三大美女全程陪同，她們的熱情不僅讓天龍國帶來的假面全部融化，更讓阿亮感動萬分。

陳淑惠伉儷在自家福運泡茶與好友共度愉快的下午。

精彩文創打造——台A茶

顧名思義，「台A茶」代表台灣的A級好茶，也是「台茶聯合國際」的品牌名稱，不過從高雄後火車站步出兩百公尺，位於九如二路的公司門市，卻漂亮得像個茶館，且處處充滿創意巧思，讓我不禁好奇的想進入拍照，並一探究竟。

創辦人賴維科說從小就常跟父親一起喝茶，當時父親每天起床都會先喝杯熱茶，之後才開始一天的工作。因此長大後因緣際會受託為大陸友人「找茶」，更為了將台灣優質好茶行銷到世界各地，特別進一步成立公司，不斷帶領工作團隊，翻山越嶺尋訪各地名茶——從挑選茶樣、針對茶樣進行評比，到詳細記錄茶葉品質與優劣等，為愛茶人嚴格把關。

以文創氛圍打造的台 A 茶品茶空間在高雄獨樹一格。

▼賴維科多年來始終致力於台灣茶的文創推廣。

此外，他也用心經營並推廣自己的品牌，「台A茶」於焉誕生，創意十足的賴維科，進一步以精彩文創打響名號，以值得信賴的台灣好茶為點子，創立「阿賴茶」的品牌特色，並不斷開發新的文創茶器，陸續開創「台A茶」、「金烏茶」等之品牌價值。

賴維科的努力，使台A茶在二〇一二年榮獲「中華民國消費者健康安全協會」優質企業甄選認證國家品質最高榮譽「金牌獎」，今年更主打「黃金茶」與「霜降玉露」兩種優質茶品，前者在茶品上加上金箔使之充滿貴氣；後者則是採冬茶至春茶之間、完全未噴農藥的茶菁所製作，再加上創意十足的包裝，將台灣好茶推向對岸與世界舞台。

尋找老茶館的深層記憶

▼農家茶園二樓台灣味十足又有幾分人文氣息。

在高雄品茶，不僅能深刻感受茶友們的熱情有勁，難得的是歷經大環境丕變、茶藝走入家庭等風浪，至今還留有許多老字號茶館，二十多年來始終屹立不搖、永遠樂觀以對。

他們一本茶藝精神的理想與初衷，不隨意變更經營型態、不隨消費型態的改變而兼營美食或冷飲，十數年如一日。他們的努力或許無法為自己賺得更多財富，卻贏得眾多愛茶人的掌聲，繼續為港都守住一份最純淨的茶情，以及七〇年代最深層的茶館記憶。包括「農家茶園」、「采雲軒」、「懷舊茶館」，以及從金融界一頭栽入、卻堅持透過品茶回歸真性情的「蟬蜓禪言」等。

看見台灣民藝——農家茶園

「農家茶園」——乍聽之下，以為高雄市區還保留了一片綠浪推湧的茶園，而且還在車水馬龍的三民區黃興路上——從一九八九年開設至今，已經有長達二十五年的歷史，算是老茶館了。女主人林綉娃是非常資深的茶人，她說自己來自嘉義梅山農家，世代種茶，因此將茶館命名為「農家茶園」，除了懷念家鄉，也有飲水思源的意義。

與近年新開設的茶館刻意鋪陳的懷舊氛圍最大的差異，不是濃濃的懷舊風，而是宛如陳放數十年的老茶般，真正經過歲月的洗禮，也帶著幾分滄桑。不僅呈現一九八〇年代，台灣茶藝館最興盛時期的深層記憶，也往往會在細節處，看出時空變換的端倪。正如不知走過多少風雨的女主人，長久以來的

農家茶園人文氣息濃厚的茶席配置。

▼農家茶園以古老傢俱與各司其位的茶器構成的品茶空間。

薰陶歷練，那樣自信滿滿，又沉穩內斂。

茶館分為兩層，樓上樓下加起來約莫五十坪左右，推開一樓大門，一眼就可以瞧見女主人容光煥發的斗大照片，與下方主茶桌上專注泡茶的本尊相互較勁，令人不由得會心一笑。一樓擺放了兩組茶桌與座位，加上滿坑滿谷的宜興紫砂壺、日本老鐵壺、大型陶甕、藏茶用的老錫罐，以及各式各樣的茶品等，堆滿了櫃上、架上、几上，還有牆上吊掛的原木巨龍雕刻、字畫等，絲毫沒有留白的空間。感覺上有些擁擠，或可說是異常熱鬧與繽紛吧，將女主人琳瑯滿目的藏品做了完整的展示。

踏上木造的樓梯登上二樓，又是另一番截然不同的情境——較為寬敞的空間擺設了三張長條型的原木老桌，完整的茶席上，包含燒水鐵壺、泡茶小壺、茶海、茶杯與杯墊等各司其位，古典傢俱的搭配也都十分適切。牆面上的巨幅屏風繪畫與一旁擺放的茶具櫃，甚至隨處可見的古早台灣民藝品等，更為典雅的茶席增添幾分人文氣息，卻又台灣味十足；在在都展現了女主人數十年的茶藝修養與不凡功力。

懷舊茶館斑剝的大門帶著幾分滄桑。（曾士豪提供）

▼懷舊氣息濃厚的懷舊茶館水榭庭園。（曾士豪提供）

儘管早在一九九四年十月，愛茶成癡的曾士豪就以百分之五十五的大股東身分，與「耕讀園」創辦人張文瑲，合力在高雄打造了濃濃中國風情的耕讀園覺民店，我卻一直遲至二〇一四年十月，才在「福運」阿惠的推薦下，前往位於高雄市立兒童美術館一樓的「打狗茶村」茶館，與曾士豪正式結識，時間足足相差了二十年。

當天並非假日，親子同遊兒童美術館的人並不多，反而讓我可以細細瀏覽、品味曾士豪耕耘茶館的用心。受限於美術館原有的閒置格局，偌大的空間並無任何隔間，卻能以對比強烈的顏色，與人文氣息濃厚的背景貼紙、復古風格的客棧式桌椅，再巧妙的注入各種東方元素，讓美術館原本明顯的現代建築本體，籠罩了一層古代中國的神秘面紗，特別令人玩味。

▼曾士豪與泡茶師陳柔安為來客專注奉茶。

神農百草
神農
片葉子飄落眼前，習慣地拾起送入口中咀嚼，其汁
液苦澀，氣味卻芬芳，且有解毒之效。另一則傳說
是，有一天神農氏用鼎鑊煮水，剛好有幾片葉子飄
進鍋中，煮好的水色微黃，苦澀中帶甘甜，
中生津解渴，且提神醒腦，以神農氏過去
經驗，判斷它是一種藥。根據陸羽茶經的
神農時即已發現茶樹，然而也只是推測的口吻，並
未十分肯定確實，雖說神農氏發現茶樹的傳說不一
定可靠，然而中國人在很早以前即發現茶樹卻是不
庸置疑的事實，且茶樹原產於我國西南的西藏高
東部，即川滇一帶，也已獲得證實，據報
樹的茶葉碩大，且是高達二、三丈的喬木
據中國風俗史記載：「周初至周之中葉，飲
、醴、漿、湆等。……此外猶有種種飲料，而
其最著。茶發明於殷周時，周人多用之者。」前面
提到神農將茶當作藥用，至殷周時才有當做日常飲
料的用途，而不只是一種藥而已，但因其飲法相當
粗略，茶味大概頗為苦澀，不是每個人都愛喝，所
以茶至殷周時為日常飲用之物，然其功能仍近於藥
用，至漢茶已提昇至酒之上，可能因造茶技術的進

彷彿進入陸羽《茶經》談論沏茶用具的時空，或《三國演義》中依稀可見的古箏彈奏橋段，打狗茶村還特別以高雄的舊名命名——乃當地平埔族原住民馬卡道族語 **takao** 音譯而來，為茶館的人文情懷更添了一份鄉土味。

可惜曾士豪卻來電說，由於美術館通知一樓另有他用，打狗茶村也將暫告歇業，希望愛茶人能將關愛的眼神轉到「懷舊」茶館。由原本的耕讀園覺民店更名而來，他說多年前全球歷經金融風暴，原有股東逐漸轉往對岸發展，目前已完全由曾士豪獨立經營。

延續耕讀園的古典園林風貌，曾士豪更用心為「懷舊」打造茶藝的一片天——在占地三百五十坪的偌大空間內，有紅牆黛瓦的閩南式山門與雕梁畫棟的樓台、藍灰木板牆與黛瓦結合的類日式建築，以及江南園林的水榭庭園，三種不同風格合體為一座古色古香的庭園茶館，加上傳統的品茗文化，讓人不流連忘返也難。

離去時曾士豪告訴我：「二十多年前不及手臂粗的柳樹，如今都已然成材。而年輕時的春夏秋冬，總是風花雪月；如今打拚時的春夏秋冬，卻是酸甜苦辣；未來的春夏秋冬，則心要更堅實。」歷經二十年的淬鍊，曾士豪說他不再迷失於潮流中，對自己要走的路更清楚堅定——本著「發揚品茗文化，締結人文昇華」的理念，努力耕耘、用心打造茶藝一片天。

金融人的茶藝館夢——蟬蜒禪言

「蟬蜒禪言」，一個命名頗具禪味的茶館，主人劉昌憲卻說，與佛教禪宗並無任何關聯——前兩字源自東方美人茶小綠葉蟬的「著蜒」，代表「大自然給予的，看似不好，在另一方面卻是好的。」但還須先靜下心來，才能有所體悟；因此後兩字就是希望透過沉靜身心，思索自然與人的關係互動，他解釋說「禪言」就是「靜心思索，與自然對話」，體會「蟬蜒」所代表的深層意義。他說古人翻譯佛經，曾把「禪」意譯為「靜慮」，只有心靈安靜之後，人才能開啟智慧而深謀遠慮。希

從年薪兩百萬的金融人一圓茶人夢的劉昌憲喜歡自己泡茶。

▼阿亮受邀至蟬蜓禪言茶館做專題演講時的盛況。

望來客都能在寧靜的空間，透過品茶回歸真性情，這才是他開設茶館的最大意義。

年輕的劉昌憲絕對是個「金融人」，擁有人人稱羨、年薪超過兩百萬的外資投顧協理職位，為了一圓茶人的夢，起先只是一古腦兒的將所有賺得的積蓄，全部投入收藏最愛的台灣老茶，最後乾脆辭去工作，與愛妻許慧卿一起在人潮熙來攘往的港都河堤路，斥資數百萬按造自己的想法打造「蟬蜓禪言」，不只單純的提供品茶的空間，還特別定位為「文化行銷」，不僅藉以區隔一般的茶藝館，也不認同時下動輒高舉「人文茶館」旗號的連鎖店。

茶館就座落在愛河支流的河堤公園旁，他說有媒體形容高雄「俗擱有力」，

▼古老的木桌與後現代呈現的磚牆構成品茶空間。

▲蟬蜒禪言雖是新茶館，卻有八〇年代台灣茶館的共同記憶。

充滿熱情、活力，其實更有著豐富人文的海洋文化，也居住了不少名人與文化人，例如大詩人余光中；作家鍾鐵民、吳錦發；詩人汪啟疆、莊金國、鍾順文；畫家沈昌明等，可惜少了深度的品茶藝文空間，因此在接受「紫藤廬」多年薰陶以後，自己成立偏重人文空間的另類茶館。儘管當時紫藤廬主人周渝曾不斷告誡他「開茶館不會賺錢」，在地茶藏家好友李元中甚至戲言「撐不過半年」，他依然執著的「撩落去」。

劉昌憲說與一般茶館的最大差異，在於「這是一家結合茶與陶藝的特色茶館」；也不同於一般茶館「各喝各的」，他在一樓為自己設置了主泡茶桌，讓愛茶人可以面對面品茗、論茶、聊人生，希望來客可以盡情享受品茶、引茶的樂趣，而不必花費太多的心思在「執壺」上，反而可以專心聊天、看書或欣賞藝文活動，也才能吸引年輕族群接近茶，進而認識茶吧。

時光彷彿拉回八〇年代，剛剛起步的愛茶人以虔敬的心相互分享，歡喜油然而生。他說經營茶館是基於興趣，也是一種分享，分享對茶、對陶藝，甚至於是對人生的一種觀察與體會。拙樸的原木桌椅與古典風的牆面，搭配現代感十足的透光玻璃茶壺展示壁櫃，彷彿刻意在茶香飄搖的空間裡，拉近古典與現代的距離。

劉昌憲也善用自己金融投顧的專長，不定期舉辦投資理財相關講座，讓各階層的朋友在「實用」的活動中品茶、接觸茶，進而喜歡茶。也經常在二樓寬敞的空間舉辦各種講座，例如阿亮就曾受邀以「浮塵子一吻、美人也瘋狂」為題做專題演講。

從苓雅區車水馬龍的林泉街轉入靜巷，椰林綠道之間的社區大樓一棟接著一棟，外觀並不起眼，一間不算太大的茶館就藏身在一樓的公共通道旁，順著「采雲軒」的招牌走進，時光記憶立即拉回三十年前，彷彿放學後經常路過的茶館，幾位叔伯輩就坐在簡單陳設的窗下喝茶、下棋、聊天，陽光透過窗簾的縫隙灑落在公事包上，略帶磨損的棕色皮革不斷反射桌上的小瓷杯，玻璃燒水壺內蟹眼已過，就在颼颼欲作松風嗚的同時，外面啁啾鳥鳴適時響起……。

自嘲是「老茶女」的女主人阮小婉說，一九九一年就在此開設茶館、守候至今，假如連同更早在港都另一處開設的「清江月」茶館，至今已整整三十年，看從台灣茶藝館萌芽伊始，看盡大環境的起起落落，看到茶藝館由盛而衰，阮小婉依然快樂的守著茶館守著茶，沒有任何抱怨或感傷，反而有一肚子的感謝。

▼時光記憶彷彿拉回三十年前的采雲軒茶館。

「要感謝太多人啦，十多年來持續來喝茶的老顧客、二十多年來教過的許多學生、長久以來始終支持我的好友與家人，他們帶給我太多的快樂與溫馨回憶。」阮小婉優雅的將金晃晃的茶湯倒入茶海，為我斟上一杯阿里山烏龍，說「茶道」即是行茶之道、行快樂之道，客人來此喝茶，司茶人用快樂的心情泡茶奉茶，儘管只是短短兩、三個小時的「桃花緣」，客人身心感到舒適、放鬆與快樂，暫時忘掉外面的紛紛擾擾，才會不斷回流，這也是茶館一開就是三十年，卻不曾感到厭倦、感到疲累，而且能穩健維持至今的最大原因。

▼自嘲是老茶女的采雲軒女主人阮小婉。

阮小婉說房子係早年購得，沒有房租壓力，除了喝茶，二十多年來也持續傳習茶藝，還會熱心幫客人鑑定茶品，每次僅收茶水費一百五十元，二十多年來也從未改變，因此儘管堅持只提供喝茶、賣茶，不因大環境改變而兼賣其他冷飲或餐食，茶館生意始終不受影響。

▼簡單陳設的采雲軒茶館已有二十三年歷史。

阮小婉也頗為自得的告訴我，她是高雄第一位正式教茶道的老師，就在當時的救國團；而當時還有「職業欄」的身分證上，她也是第一位理直氣壯、將職業登記為「茶道教師」的茶人。更以「今天高雄許多茶道老師，都曾是我的學生」而自豪。

「老茶女」還發願要當兩岸最老的「茶女」，希望自己八、九十歲以後還能快樂的教茶、泡茶，繼續帶給別人快樂、帶給自己快樂，「哪一天我很老很老了，還繼續守著這間茶館，你們可要請電視台好好報導一番喔。」步出采雲軒，腦中還留著她發下的豪語。儘管身處高雄鬧區，一樣能在椰林綠道上，迎著清風拂面，將所有的塵囂留在腦後，正如口腔內還留著的茶香餘韻，那樣委婉又動人，不是嗎？

第九章 屏東縣

茶文化深耕台灣最南端

▼曾經有三十多名將軍住過的屏東將軍之屋目前做為眷村文物館。

▼清營巷主人豢養的兩隻貴賓犬總是喜歡在玄關迎客，十分討喜。

眷村是台灣獨有的產物，源於一九四九年國民政府撤退來台，為安置來自大陸各省的軍人與家眷，所安排的大批房舍或新建宿舍，依軍種、階級與特性，分別群聚於一定範圍所形成。早期用地大多為日本統治時期或日本移民村所遺留，而房舍部分來自舊有建築，大部分則為戰後所興建。反映在眷村命名上，名字中有「陸光」多為陸軍眷村、「憲光」為憲兵、「明駝」是聯勤單位、空軍多為「大鵬」與「凌雲」等名。由於眷村居民來自各地，也帶來了家鄉特色料理、集結了中國大江南北的人文風情，因而形成了特有的眷村文化。

時至今日，眷村或因時代變遷，或因大量拆遷改建公寓大樓等因素而逐漸消失，但留下的文學作品、電影或舞台劇都有豐碩的成績，如袁瓊瓊的小說《今生緣》；電影《搭錯車》、《老莫的第二個春天》、《竹籬笆外的春天》、《黑皮與白牙》、

▲清營巷簡潔的實木以廢棄的磚石托起，呈現禪風十足的茶席。

《牯嶺街少年殺人事件》，或連續劇《光陰的故事》，以及著名的舞台劇《那一夜，我們說相聲》等。

而眷村出身的名人也不少，例如大導演李安、侯孝賢；藝人林青霞、張艾嘉、胡茵夢、王祖賢、鄧麗君、任賢齊、蔡琴、伊能靜、王偉忠、徐乃麟、郭子乾、九孔、阮經天、李立群；作家張曉風、龍應台、朱天心、朱天文、張大春；政治人物如曾任省長的宋楚瑜、前台中市長胡志強、新北市長朱立倫以及前台北市長郝龍斌等。

提到台灣最南端的屏東，洋溢熱帶海洋風情的墾丁應該最為大家所熟悉。其實屏東市區也有不少眷村，且因日據時期屏東在空軍的特殊定位，眷村也以空軍總部列管為大宗。全市十九個眷村之中，就有十村為日據時期興建之官舍，至今且保留七十一棟眷舍，是南台灣眷村建築群保留最多地區。

其中崇仁與勝利兩個眷村，不僅位於市中心黃金地段，也是台灣極少數還保留完整的日據時期軍用官舍群，不論歷史或人文都具有文化資產保存的價值，因此二○○七年經地方政府公告登錄為「歷史建築文化資產」，連結周邊眷村美食與歷史建物，規劃成屏東縣眷村文化區，將具有意義的歷史建築活化並賦予新的生命。

眷村中的茶香琴韻——清營巷

今天屏東市中山路眷村文化區內不僅生氣勃勃，入夜後更見燈火輝煌、人聲沸騰，好不熱鬧。除了保留曾經有三十多名將軍住過的「將軍之屋」做為眷村文物館、抗日名將孫立人將軍行館做為族群音樂館等資產，其餘大多由民間業者標下做為咖啡屋、美食街、啤酒屋以及茶館，此外還有藝術家駐村、電影協拍場景等。

區內許多房舍仍保有日本民居式建築——房屋前後有寬闊的庭園與空心磚砌成的牆垣、壁面為木造的魚鱗板牆，還有日本黑瓦的屋頂、墊高的屋身、龍角形的屋菱，以及低矮牆及雕工精細的梁柱等，外觀別具風格又自然樸素。其中最具特色、名氣也最大的，就是隱身在百年老樹與花木扶疏的幽靜

茶室保留了木製的窗框及紗門，清營巷內外都充滿濃濃懷舊情懷。

▼清營巷為茶席精心搭配的茶食。

巷弄之間，完全保留日本民居式建築的「清營巷」茶鋪了。

主人黃嘉元說，二〇一二年標下勝利眷村的清營巷三號後，就在二〇一三年春節前夕正式營運，匠心獨具的裝潢陳設立即勇奪眷村布置競賽第三名。除了盡力推廣茶文化，也觸及花藝、陶藝、書道、古琴等文化的推廣與課程學習，希望將茶與藝術文化融入生活中，更希望為屏東在地文創提供一個分享的平台。

其實台灣不少著名的茶館也多來自老舊眷舍，例如由舊有財政部日式房舍蛻變而來的台北「紫藤廬」，以及日據時期著名佳山溫泉旅館改建的「北投文物館」等，都廣為兩岸愛茶人所熟知。

我第一次踏進清營巷，就深深為內部簡單樸實的茶席氛圍所吸引，濃濃的懷舊情懷加上熱騰騰的茶香，老舊的櫥櫃、台灣名家的手做茶器、燒水的銀壺或鐵壺、用來插花的老甕等，屋內每一處角落都洋溢著醇厚的茶文化氣息。尤其以廢棄磚石托起極簡的實木做為茶桌，日式風情的榻榻米地板上，鋪上茶巾成就的茶席與精緻搭配的茶食等，充滿人文的茶文化空間令人著迷。

清營巷茶鋪除了蘊含千年的中國茶文化，也注入台灣多元的茶葉文化元素，以及日本茶禪一味的茶道精神。黃嘉元說清營巷的經營理念就是一切「以人為本」，因此除了購置茶品或茶器外，現場喝茶完全不收費用。主人且不定期舉辦茶會並開立茶藝課程，希望能為台灣最南端注入更多的茶文化活水。

黃嘉元本為在地知名的古琴教師，氣質出眾的愛妻周幸珍則是茶藝師出身，兩人矢志傳承當地特有的眷村文化，結合茶藝加入更多的文創元素。在春天的玉蘭、夏日的茉莉、秋天的桂子、冬日的繡球等不同花香飄搖的平房內，挑高的屋頂還可見到原木的柱梁與早年的夯土；保留了低短的磚牆、木製的窗框及紗門，以及爬滿門簷的九重葛等，營造一個與眷村共同呼吸的生命庭園；可說恬淡清悅、閑適無華。

清營巷茶鋪也設有花藝教學課程，由女主人聯合在地花藝教師，將中華花藝及日本花藝的精神，賦予不同的闡述與學習，也讓生活添加一些芬芳的情趣。此外，鋪內還收藏了台灣近三十位陶藝名家的作品，透過分享或網路行銷至兩岸各地，為台灣辛勤創作的藝術家開闢多元的行銷通路。

有著三千多年歷史的古琴，是中國歷史上最為悠久、最具民族精神和傳統藝術特徵的樂器；與書畫、詩歌文學等共同做為中國傳統文化的承載者，因此擅長古琴的黃嘉元也發揮所長，將茶與古琴的美麗結合，醞釀出琴茶一味的清幽空間，不定期舉辦琴會，也開立古琴教授課程，宣揚中華民族最美的天籟之音。

儘管往昔眷村雞犬相聞、各地家鄉話彼此起落的聲息不再，黃嘉元仍盡可能將曾有的記憶留在巷弄間，例如他特別養兩隻乖巧的貴賓犬，往往從玄關直奔庭院大門熱情迎客。耳邊不時傳來啁啾的鳥鳴與蟬聲，做為一種精神生活的傳遞，也是一種溫暖與歡愉的生活美學吧？

步入清營巷，一個開放的藝文交流空間，心情總會自然放鬆下來，看美麗的女主人沏上一壺好茶，聽男主人彈一曲古琴悠揚，將沉澱累積的生命感動自然呈現。茶文化就這樣深耕在台灣最南端，與台灣特有的眷村文化一起發光發熱。

女主人以柴燒名家翁國珍手做茶碗沖泡茶膏與法師分享。

▼清營巷四號以茅草覆頂的舊居草堂大門。（舊居草堂提供）

座落清營巷四號的「舊居草堂」，為中華茶聯高雄會現任會長馮文炫所開設。馮文炫原本在高雄從事房地產，二〇一三年九月，聽聞屏東縣政府的「眷村文創特區」公開招標，愛茶的他立即擬妥企畫書，順利標得了原為某少將的眷舍、連同院落共一百二十坪大的空間，再自行斥資兩百五十萬元，在不影響眷舍原有風貌的情況下，重新打造了白牆茅頂的大門，並將四十坪的主建物隔成兩個大型茶室，而原本的侍衛房也改造成茶寮，一個全新亮麗、復古又創新的草堂於焉誕生。

儘管盡量保留原有的木格拉門與窗戶，但舊有的門框許多早已腐壞或不堪使用，他也特別拿出自己早年的收藏來改造，盡量保持眷村特有的風貌，其中有間且採用日系禪風的設計。

由於申請時做為商業使用，因此舊居草堂得以大方的提供喝茶、賣茶與茶器的推廣，至於餐食，馮文炫說可以接受晚餐預定。草堂每週一休館，因此阿亮曾經二度前往屏東，卻都不得其門而入，特別在此提醒有意前往的朋友。

馮文炫說，草堂除了老傢俱、古美術的分享，也定期舉辦茶藝教學，並請來了陳丁立老師教授書法。目前客戶群來自全台各地，也有許多大陸、香港、韓國與日本等地慕名而來的觀光客。

取名為舊居草堂，馮文炫說改造前的眷舍為少將舊居，而他曾經在成都市拜訪過大詩人杜甫的草堂，因此刻意將大門改造成草堂模樣。

舊居草堂除了許多價值不斐

舊居草堂中式品茶空間盡可能保留了舊時眷舍風貌。（舊居草堂提供）

▼透過落地玻璃收納庭園造景與陽光的舊居草堂。（舊居草堂提供）

的文物、陶壺、茶杯、茶倉，老手錶、日本老鐵壺與銀壺等，還有許多頗具巧思的「茶寵」。所謂茶寵，一般的解釋是茶席周邊擺設的小器具或小玩意，例如有人喜歡在茶席中擺上「賞香爐」，用嬝嬝輕煙陪伴茶香入喉；有人喜歡放個陶瓷或鐵器花鳥小獸等，做為蓋置（就是放壺蓋的啦）或擺放茶則、茶匙；也有各種討喜造型的金屬或陶燒貓狗，供茶人在茶席中做為插花點綴之用。

精緻典雅的庭園造景，以人文為本、環境為念的人文品茗空間，舊居草堂穿梭在八十年的歲月時空中，呈現茶藝人文的生活美學，讓閒置的眷舍得以活化，更讓人慶幸，遠在台灣的最南端，還有這麼一方寧靜的賞茶休憩天地。

第十章

大型連鎖茶飲　閃耀全球

創造茶品消費的最大贏家

▼充滿東方禪味的翰林茶館紛紛吸引對岸與海外業者來觀摩取經。

▼古典玫瑰園門外繽紛展示的各式骨瓷茶器與茶品。

在消費型態急遽變遷的時代，連鎖商店的增加似乎已成為不可避免的趨勢。以茶業版圖為例，八〇年代後台灣茶葉從外銷走向內銷，儘管高級清香特色茶價格屢創新高且仍維持一定的市場；卻也無法忽視冷飲茶與罐裝飲料的大大流行，帶動了中低價茶葉市場的蓬勃發展。根據海關資料統計：一九八六年茶葉進口僅七百六十八公噸，一九九三年增至九千九百二十八公噸，二〇〇二年為一萬七千兩百公噸，至二〇一三年更增至三萬公噸以上，呈倍數增長的進口茶葉加上本土原有的茶園產量，顯然不是傳統茶行或茶館可以消化的。可以斷言——除了便利商店隨處可見的罐裝茶品外，台灣數以萬計的泡沫紅茶、珍珠奶茶以及相關茶品的連鎖店，才是讓台灣茶葉從出口國轉變為進口國的最大變數，說它們是創造茶品消費的最大贏家，一點也不為過。

據說國人每年喝掉的泡沫紅茶或珍珠奶茶至少超過五億杯，多元化的茶葉運用，不僅打破了國人長久以來的飲茶習慣，更開創無限的情趣與消費價值。這種藉由急速震盪冷卻、卻能保留甚至衝擊出更多茶香的冰飲，

▲翰林茶館各地旗艦店均設有大型茶席廳提供企業或茶會舉辦會議等活動。

由於滋味與價格或形式均平易近人，因此能迅速席捲全台，並開創出台灣的全民飲茶運動。近年更延燒至中國、東南亞、日本、歐盟、美加等地，為台灣在世界各國闖出了知名度。

流風所及，大企業如天仁茗茶等也不得不加入戰場，一家家新推出的「喫茶趣」連鎖店頻頻出擊，為老字號注入新活水，聲勢顯然也已凌駕自家的陸羽茶藝。由於競爭日趨激烈，冷飲茶在口味上更衍生出許多變化巧思，加奶、加泡沫、加果汁、加香料已不稀奇，加入布丁、愛玉、果凍、果粒等才夠嗆，使單純的飲品更進化至立體咬嚼的層次。

另一股不可忽視的現象，是介於傳統茶館與現代化速食茶品之間，逐漸崛起的精緻路線茶餐茶飲的大型連鎖企業。更由於國人對於歐式休憩風格與氛圍的嚮往，以及女性主義的抬頭，英國維多利亞時代傳承的下午茶文化也堂皇搶灘，並迅速在台灣造成流行。台灣社會的飲茶風貌，顯然已愈加繽紛且多元了。

街頭畫家發明珍珠奶茶，開創茶飲王國——翰林茶館

粗大的七釐米吸管輕輕翻動著杯中湧起的泡沫，晶瑩剔透的一顆顆耀眼珍珠在乳白色的汁液中閃爍，彷彿星子們徘徊在拂曉的天空不忍離去。細啜一口，蔓延在周遭的濃濃奶香與悠悠茶香同時溢滿喉間、直衝腦門，清涼的嚼勁與舒暢的口感令人再三回味，甚至為之瘋狂。

這就是源於台灣，並迅速風靡對岸與全球的珍珠奶茶，也使得原創發明人涂宗和，從一個騎樓下討生活的街頭畫家，到今天擁有近六十家大型直營「翰林茶館」，地點囊括全台各大直轄市精華地段、科學園區與各大百貨公司；還有由翰林直營或開放加盟的 **Tea Bar** 閃亮品牌「嚮茶」，更遍及國內兩百家，以及海外馬來西亞、印尼、新加坡、澳

百貨公司內的翰林茶館一樣砸下大把銀子塑造為東方時尚風情。

▼涂宗和對茶品的涉獵與研究頗為深入，茶界均以「涂師傅」相稱。

大利亞、美國東西岸；加上對岸上海、廣州、南京、天津、福州、青島、澳門等各大城市高達八十家以上，將最具「台灣味」的茶飲禪風傳遍全球。

涂宗和回憶說，一九八六年為了還清四百萬元的債務，向友人借了六十萬，從占地僅十八坪、六個桌子的小小冷飲茶店起家，因緣際會發明了全世界第一杯珍珠奶茶而一飛沖天，一手打造了今日席捲全球的茶飲茶饌王國「翰林國際企業集團」，創業的過程不僅充滿了艱辛，更有著屢敗屢戰的傳奇色彩。

涂宗和說當年為了替茶館帶來經營優勢，不斷挖空心思希望能創造新商品來領導流行，因此從傳統工法製作的粉圓引發靈感，加入奶茶中無論口感或視覺效果都頗具「賣相」，尤其煮過的白色粉圓看來有如珍珠般潔白、晶瑩，因此將其命名為「珍珠奶茶」，推出後果然大賣，兩個月後乘勝追擊，再度推出黑色粉圓的珍珠奶茶，意外的成為今日全球最受歡迎的冷飲茶類。

涂宗和回憶說，由於自幼喜歡繪畫，軍中退伍後不僅曾經開設畫廊，也當過數年的街頭畫家。更由於對美食與品茶的執著，而曾經瘋狂學茶、買茶，並開過火鍋店與茶行。涂宗和說年輕時的浪漫雖沒有給他帶來財富，卻學會了如何去鑑賞、感知、創造、組合「美」的事物，這種能力在後來翰林或嚮茶各個階段的發展中，也發揮了極大效應。

由於作畫時往往邊喝可樂，友人建議他改喝茶。一時興起就前往台南的天仁門市買茶，從每兩十五元開始，至三十元的烏龍茶，再到六十元、一百元、兩百元愈喝愈貴，從此到處買茶、試茶、品茶，也自認為十分懂茶。直至一九八〇年某日，聽聞嘉義朴子有位著名的「茶痴」王昭文，抱著踢館的心態前往，幾經切磋「鬥茶」，才知道過去自己不過是個井底之蛙罷了，從此虛心學茶。除了詳讀「茶業改良場」出版的專書外，也頻頻赴鹿谷茶鄉向茶農學茶，「邊學邊買」。

涂宗和回憶說，八〇年代中期，他總共用了四年的時間學茶，繳了數百萬元的「學費」，而且還親自向茶農購買茶菁，並「撩落去」與茶農一起做茶、焙茶。由於判斷茶葉得獎與否的精準度幾乎百發百中，還在鹿谷贏得了「涂公公」的封號。

今天即便已成為叱吒全球的茶飲界大亨，涂宗和依然堅持自己焙茶，購回的茶葉無論品質多高，都要親自烘焙、加工。他說許多冷飲茶業者都不懂茶，但「不會做茶就不會喝茶」，相同的茶葉經良好的烘焙後，價格相差可以高達五、六千元。他說茶湯顏色與茶葉的品質滋味結構有關，而焙茶則是茶行的命脈。許多業者也紛紛登門求教，茶界從此均以「涂師傅」相稱。

一九八六年，四個茶友籌了六十萬元借他，並有過去熟識的茶農做後盾，這才開設了第一家「翰林茶坊」。由於當時缺錢，黑道又不斷逼債，只好想盡辦法提高茶飲的品質和價格，先創造「翡翠綠茶」，將原本每杯十元的泡沫紅茶提升至二十元；後來又將粉圓放在翡翠綠茶中，變成「翡翠珍珠綠」，再使用紅茶演變為今日引領風騷的「珍珠奶茶」，立即大賣，從第一個月十二萬多的營業額，躍升至第二、第三個月的三十多萬、六十餘萬，門口大排長龍的景象連他自己都感到吃驚。

翰林茶坊更名為茶館後，業績也不斷擴展，短短數年間即成長為八家大型直營店，每家的裝潢且都超過千萬元。不過涂宗和躊躇滿志之餘，也不忘繼續研發新產品，並以「語不驚人死不休」的理念不斷創造新名詞。例如紅茶加奶精後成為「奶香紅茶」；「恨天高」則因採用幼嫩的茶葉

以人文、自然、禪風為設計主軸的翰林茶館。

而命名；此外還有靈感來自雲南的「一滴香」，牛奶香味的「凝脂香」，甚至因茶葉來自多雲霧的杉林溪而取自瓊瑤小說書名的「含煙翠」等，令人不由得會心一笑，更讓業界爭相模仿。

從十多年前的一家小小冷飲茶店，發展至今日遍及全球數百家直營或加盟店的規模，涂宗和提出他成功的經驗說——茶館要立體化（往高處發展）、市場要全面化、產品則要多元化。以全面化為例，珍珠奶茶每杯店內售價與外賣就必須有極大落差；且每層樓賣價皆不相同，外賣最便宜，一樓次之，二、三樓最貴。值得一提的是，遠在披薩風行之前，翰林就提供外送服務，更首創一條街上同時對開二家的紀錄，店與店之間做良性競爭。

至於產品更要多元化，曾經史無前例的連續擔任兩屆「中華茶藝聯合促進會」總會長的涂宗和說，儘管珍珠奶茶等冷飲茶深受年輕朋友喜愛，但也不能忽略喜愛傳統工夫茶的大朋友；至今每一家店平均每月可以銷售七百泡以上的工夫茶。二〇〇三年更開發了多種口味且茶味十足的「茶葉冰淇淋」系列，也立即受到消費者的喜愛。

多元化的經營，讓消費者可以在茶館用餐、餐後品茗，或先在茶館品茗、品茗後用餐，方便雅致兼而有之，花費合理選擇性又高，再加上業界普遍公認的「珍珠奶茶原創發明者」的響亮加持，因此能迅速蔚為時尚，普遍成為台灣民眾休閒生活的主流方式，更能夠風靡對岸與全球，並將在明年正式上櫃上市，到時也必能像王品等餐飲

▼台北統一阪急百貨公司與捷運出口的翰林茶棧。

集團般甫上市即造成市值飆漲吧？我們且拭目以待。

涂宗和強調，只有掌握時代脈動、與時並進才不致被潮流所淘汰，假如當時死守茶館，可能現在也差不多了，他認為理想必須靠實力與創意才能實現。他表示除了內容必須不斷精進外，茶館在型態上也必須有所突破，才能與時代、社會及國際接軌。例如他特別重視店內外一體的形象與意象設計，所有翰林分店無不以人文、自然、禪風為設計主軸，摒棄了昏暗及沉重的民藝元素推砌的老舊茶館風格，以簡約、樸雅、明亮、活力為導向，成為東方、時尚與現代的人文茶坊。充滿東方禪味的茶館甚至驚動了日本、韓國與對岸的業者與學者紛紛來台取經，驚豔的讚嘆聲始終未曾停歇。

▼火紅的玫瑰鮮花是古典玫瑰園最醒目的企業識別標誌。

兼具冒險家與飛行員身分的法國大文豪聖德修伯里（Antoine de Saint-Exupery），於一九四三年出版的鉅著《小王子》，自二十世紀中葉風靡全球以來，至今對世人的影響始終未曾退燒。而書中小王子對自家玫瑰真誠不移的摯愛，多少年來更不知賺了多少「大人們」的熱淚。

現實世界中，我也有幸結識了另一位小王子，儘管他早已從花蓮瑞穗的「庄腳囝仔」蛻變為今天擁有全球近五十家直營「古典玫瑰園」的傑出企業家，卻始終不像個商場上衝鋒陷陣的「大人」；僅憑著對玫瑰的瘋狂痴愛，與一股愛做夢的執著，成功的將夢想與事業結合。不僅為忙碌的現代人提供一個可以築夢的空間，讓玫瑰與茶的浪漫席捲兩岸與歐美各大都會；三十八歲正式習畫以來，更是獨鍾玫瑰而每天創作不懈。正如書中小王子所說「我為我的玫瑰花所花費的時間，使我的玫瑰花變得那麼重要。」與其說愛做夢的玫瑰男人黃騰輝是不斷擴張事業版圖的藝術家，毋寧說他是畫玫瑰的「現代版」小王子，要來得更為貼切吧？

黃騰輝一九九〇年在台中開創第一家「古典玫瑰園」，以玫瑰與英式下午茶為特色，提供現代人一個古典雅致的築夢空間，今天不僅擴充到全台三十多家直營店，且在二〇〇一年成立倫敦分公司，二〇〇二年起陸續在上海、北京、福州開設旗艦店，二〇〇六年於韓國首爾、二〇〇七年於紐約皇后區、二〇一二年於加拿大溫哥華等都開設了旗艦店，同年於高雄設立打狗英國領事館文化園區，亦於日本東京都設有

九十九朵大型玫瑰交織飛舞的國美館古典玫瑰園旗艦店。

▼同時悠遊於全球事業版圖與彩筆之間的黃騰輝。

分公司。堪稱目前全台最大的英式下午茶經營體系，也是廣泛被認同最具代表性的文化創意產業。

黃騰輝將夢想提升到現實層面，成功的因素不僅迥異於一般商人，更夾帶了濃濃的浪漫傳奇色彩。國美館螺旋梯二樓，成了美術館內唯一可以享用餐飲的空間。除了跟每一間分店同樣常駐著大盆新鮮的玫瑰花，天花板還懸有九十九朵大型玫瑰，金色、銀色、紅色交織飛舞，取代了冰冷硬質的磚瓦。店長蕭塘萱告訴我，那不僅僅是黃騰輝的創意，特別的是由他親手所捏塑。瞬間綻放的浪漫氣息，隔著圍欄與下方磅礡的藝術展品相互爭輝，加上牆壁上一幅幅黃騰輝大膽又狂野的油畫，在這樣的氛圍裡享受正統英式下午茶，或來上一客義大利焗烤或法式餐點，真是幸福又愜意不過的事了。

攀上入口前的長梯或在館內中庭搭乘電梯直上二樓，正門外有著繽紛的展示櫃，包括各式骨瓷茶器與茶品，如英國English Rose Gold花茶杯具、各種風味的英國紅茶或花草茶等。正統英式下午茶講究器皿的搭配，喝茶專用的骨瓷茶具、喝咖啡專用的咖啡杯、喝熱可可專用的可可杯具，絲毫不能馬虎。其他如糖罐、奶盅、三層點心盤架組、沙漏計時器、搖鈴、餅乾盤、點心盤、蛋糕盤、食器盤等看似繁瑣的配件，卻足以顯示英國長久以來延續且影響深遠的喝茶文化。正如黃騰輝所說，「一段愉悅的下午茶時光」才是古典玫瑰園最堅持的主張，而結合了國美館豐富的藝術盛饗，感受英式古典浪漫的優雅，更能感受知性與感性同時環抱的歡悅吧。

黃騰輝回憶說，花中畢業後考取東海大學國貿系，是他第一次離開花蓮，也是他第一次到台中。退伍後曾經在《財訊》雜誌擔任社長特助，隨後在台中從事房地產，在大度山下炒熱「理想國」人文社區一、二、三期，為自己成功賺得了第一桶金以後，卻急流勇退，就在自己一手打造的「台中藝術街坊」開起了二十五坪店面的小小咖啡

▲古典玫瑰園在高雄打狗領事館建構的文化園區。（古典玫瑰園提供）

屋。一九九〇年八月才開張，四個月後就成了台中的一則美麗傳奇，而迅速擴張的古典玫瑰園 Rose House 更成了今日正宗英國茶的代言人，避開向以台灣茶、中國茶為主流的男性消費市場，而成功的開創了以女性白領階級為主的典雅品茶世界。

不同於多數企業家常有的送往迎來，黃騰輝每天下班後謝絕一切酒場應酬，把自己關在閣樓的畫室瘋狂創作，憑著長期對玫瑰的深入觀察與情感，畫出了異於常人的玫瑰風情。在忙碌的全球商業奔波之餘，十六年來竟已創作了六百多幅的玫瑰相關畫作，驚人的才氣與毅力令人折服。

從未受過正統的美術訓練，黃騰輝畫起細膩的寫實風可一點也不含糊，看看他為英國皇室御用品牌 AYNSLEY 骨瓷茶具繪製、甚至親手設計的茶壺、餐盤、杯組等，非有扎實的寫實功力不可。他也喜歡將油畫轉印在玫瑰杯上，至今已發行六十款，遍布全球高達三十萬個，深受消費者的喜愛可見一斑。

黃騰輝說自己一向嚮往精緻、優雅的生活情調，愛聽莫札特與魯賓斯坦，喜讀楊牧與德亮兩位同樣來自花蓮的詩人的詩，閒暇畫圖，喝一壺好茶、煮一杯香醇濃郁的咖啡，更喜歡英國維多利亞時代的生活品味。他說無論藝術、建築、傢俱、擺飾等，那種細緻優雅的曼妙之美，正是幾十年來都在拚經濟的台灣人所缺乏的；至於玫瑰，對黃騰輝來說，正代表了維多利亞時代的精神吧？那種絕代風華的嬌豔，帶刺的熱情與神秘、自信與浪漫，讓人不由得強烈愛戀，也使得黃騰輝成為繼聖德修伯里的「小

台北市麗水街上的古典玫瑰園永康店。

王子」之後，全世界最愛玫瑰的男人了。

黃騰輝說，十七世紀初當茶葉從東方傳至歐洲時，英國可以說是最「後知後覺」的國家，但是到了該世紀末，正統英國茶卻已傳遍整個歐洲而獨領風騷。他說中國人喝茶喝了五千年，卻從來沒有一種全民文化生活能與茶密切關聯，迄今甚且沒有一個風行全球的品牌；但英國人喝茶不到五百年，卻已將茶帶入了英國最高雅、精緻的文化境界，更造成了深刻的影響力，格外引人深思。

打造全新茶飲文化空間——春水堂與秋山堂

「我很好奇，台灣有多少人會像我一樣，在三十歲以後才愛上半發酵的小壺泡？台灣全年皆夏，熱騰騰的茶只能提供兩個月的溫暖，其餘十個月，誰給人們清涼與舒暢？」愛茶人劉漢介的諸多疑惑，終於在一九八三年春天引爆。他在自營茶行所隔出的三分之一大空間裡，首度以調酒器泡出第一杯泡沫紅茶。除了開拓出冷飲茶的全新世界，更親手打造一個全然不同於西式吧台，充滿繪畫、插花與茶香的空間，讓喝可樂、汽水的青少年，有了走入茶世界、認識茶文化的機會。

儘管因泡沫紅茶與珍珠奶茶而成就今日的冷飲茶王國，至今每年能賣出

▲台中國美館秋山堂的茶席空間設計頗具巧思。

▼大器中更見真性情的國美館秋山堂林美君店長。

一百八十萬杯珍珠奶茶，創辦人劉漢介仍堅持定位為「人文茶館」。他說經營茶館事業，需要時間累積，不能靠一時流行，「一樹、一石都要時間累積，才能成為美景。堅持想法，事業才能長久。」

劉漢介說他經由父親的指導，從認識半發酵茶開始，逐漸進入源遠流長的中國茶葉史，潛心研究後，更於一九八〇年出版了一本有關中國茶藝的書，自此有如從井欄走出的小青蛙，終於了解飲茶洪流的浩瀚。

劉漢介表示，二十年來，春水堂不停研發新產品，將紅茶、綠茶、香片、烏龍到鐵觀音等傳統茶葉一一變身為冷飲，加入的食材也更呈多元，如果汁類的百香、檸檬到液態類的牛奶、乳酸，再到固態類的仙草、愛玉等，至今已有一百種茶品。他說「產品持續推陳出新，就是春水堂不被取代的最大優勢」。也因而能在茶館與咖啡館特多、淘汰速度快的中台灣，屹立不搖二十年。

至於春水堂如何能持續不斷創新？劉漢介表示，首先必須培養每位員工成為茶的專家，了解茶的製程、歷史，善用過去經驗。其二，從生活找靈感，彼此分享生活上所見所得。再者，必須保持逆向思考的習慣，包括堅守「顧客第二」原則，以提升品質、化解競爭等。

儘管許多茶人對泡沫紅茶嗤之以鼻，將它與西方的速食文化劃上等號；更有人不明就裡，硬是要把泡沫紅茶與中台灣曾經風靡一時的鋼管熱舞送做堆。但劉漢介卻堅定表示，泡沫紅茶代表的不應只是一種飲料名稱，而是一種新的茶飲文化。由泡沫紅茶為基礎而發展出的各式調味茶，不過是將傳統的熱飲茶褪下舊裝、改換新裝罷了。劉漢介說春水堂的最大貢獻，除了突破傳統茶行經營，大幅提升茶葉的消費外，更讓茶飲躍上流行的舞台，成為新式飲食的代名詞。

劉漢介表示，冷飲茶之所以被廣泛接受，只因「簡單易懂」而不失原味，他以春水堂為例，第一階段推廣的紅茶，就選用台灣南投魚池的條型紅茶，以烏龍茶湯的標準「香高味濃、清涼止渴、甜度適中而有甜味」，讓外行與老茶人皆趨之若鶩。第二階段則以花茶為基調，衍生出清香甘醇的十餘種春天系列、奶茶系列、珍珠系列等；待市場穩健後再推出半發酵的烏龍鐵觀音系列、後發酵的普洱茶系列等。劉漢介認為，讓顧客在店內喝到他所知曉的任何茶類，從冷到熱的茶湯皆滋味精準，是春水堂業績逐年上升、延續二十年不衰退的主因。

由於從半發酵茶而進一步認識茶，因此對於茶文化的宣導，教導飲茶概念、飲茶禮儀、飲茶科學、杯具的正確使用等，一直是曾經擔任中華茶藝聯合會總會長的劉漢

台中國美館數位藝術方舟左側的秋山堂。

介，始終執著的方向和永不退守的戰場。即使以泡沫紅茶的熱賣蔓延而打響知名度，且在冷飲茶市場獲得諸多肯定與利益，春水堂對茶藝的推廣也從未間斷，除了各種茶會活動的舉辦與參與——包括推展茶會、推廣多種泡茶法、開創半發酵茶周邊茶具、研究普洱茶的正確飲用等，也不斷充實員工茶葉的專業知識，提升春水堂多元化經營領域中「茶藝」的實力。

不過，儘管春水堂或茶文化氛圍十足的「秋山堂」早已遍布全台，且都有一定的水準與客群，我最喜歡的還是台中國美館地下樓側的秋山堂，處處可感受茶香與品味。不同於國立台灣美術館內古典玫瑰園的英式下午茶，秋山堂在美術館下凹庭園廣場的數位藝術方舟左側，不斷釋放充滿禪意的東方茶情。

話說我在二〇〇四年由《民生報》出版《台北找茶》一書，曾採訪台北師大路的「耕讀園」，完全仿照蘇州園林所興建的茶坊迴廊格局，不僅深具規模，也吸引許多愛茶人前往。而採訪當天，擔任泡茶師的林美君儘管年紀甚輕，卻頗有大將風範，讓我印象深刻，泡茶照片也完整刊在書中。

沒想到這一別就是十年，台

台北松山文創園區內的秋山堂活字版復刻陸羽《茶經》展示。

▼台北松山文創園區內充滿人文氣息的春水堂。

北耕讀園早已不在，林美君卻成了國美館秋山堂的店長。十年不見，歲月卻沒有在她臉上留下多少痕跡，取代的是更豐富的學養，大器中更見真性情。

沿著國美館地下樓的綠坪步道走進，寬廣的大型品茗空間立即進入眼簾，儘管隔著竹枝，卻隨處可見花藝、窗花、桌椅、古茶壺、珍藏茶器，牆上則有滿滿的劉漢介本人的攝影作品，以數位唯美的畫面呈現，營造出人文美學的氛圍。

林美君說「選一處光影交錯的好位置，喝好茶就是簡單的事」，她說每一位來到秋山堂的朋友，都會不自覺的放慢腳步，讓思緒在舒緩靜謐的時空中流動，感受一盞茶一世界的片刻美好。

至於在台北松山文創園區，春水堂與秋山堂也有令人傾心的茶文化空間，秋山堂茶司蕭竣強說，在松菸，春水堂以提供餐飲為主，而秋山堂則著重於茶的品賞，儘管空間明顯比緊鄰的春水堂小了許多，但處處可見濃濃的人文茶氛圍，例如以活字版復刻的陸羽《茶經》文字的展示，帶有懷舊氣息的現代感就令人驚豔不已。

茶文化往下扎根——天仁喫茶趣

▼台北市復興北路的喫茶趣第一家旗艦店。

頂著「天仁」的光環，定位為新複合茶館的「喫茶趣」，從二〇〇〇年三月第一家旗艦店成立至今，已迅速擴張至十一家店的規模了，其中台北就占了五家、桃竹苗與台中各一家、高雄四家，英文為Cha FOR TEA。此外還有以吧台外賣方式營運的「喫茶趣Togo」約七十五家。

為因應飲茶文化的新趨勢，提供顧客舒適的用餐與品茗環境，天仁於二〇〇〇年成立喫茶趣，結合天仁茗茶連鎖店全系列的風格特色，融入了年輕、休閒、生活化的新茶文化，成為具現代、多元、中國風之新複合式茶館。喫茶趣研發出具有獨特風味的茶膳、茶點、茶飲口味，而店內所提供的餐點皆以天仁茗茶品質最好的茶入味，目前除了在台灣展店，也積極擴張海外版圖，並授權給日本Sugakico集團發展日本東京都市場。

喫茶趣的集團協理陳良遠說，天仁茗茶至今已屆滿六十一週年，面臨時代不斷變遷，消費型態也急遽改變，因此即便單一產品也必須經營不同族群，否則將出現兒童與年輕人的斷層危機。

陳良遠說，提到茶，不能總想到「老人茶」的繁複而讓人不敢親近，何況在天仁現有的體制下，已有「陸羽茶藝」扮演茶文化傳承的角色。現代空間應擴展版圖到類似泡沫紅茶的飲料，喫茶趣的訴求對象是年輕族群，往下扎根、讓他們「入門」，保留一個空間，年齡增長後自然會到樓下天仁茗茶買茶，或直接上樓至陸羽品茗學茶。

不過陳良遠表示，喫茶趣的根還是在天仁之下做複合式營銷，所有茶餐全是一個專屬團隊開發，除了中央廚房統一生產制式茶品或茶餐外，強調口味或新鮮度的部分則分別在各家廚房製作。而且天仁講究茶的健康，不用太多調味料，並依菜色的不同加入茶烹調。

至於喫茶趣的方便性與外賣會不會淪為速食文化？陳良遠認為喫茶趣強調「餐」與「飲」的多元性與方便性，而外帶可以創造更多利潤，卻絕對不會變成速食文化，只是與傳統茶文化有所區隔罷了。他說速食文化只是一種風潮，風潮過後自然會慢慢降下來。

陳良遠強調，天仁一向強調天然、健康、人情味，因此喫茶趣依然保留了中國茶文化的精緻面，也保留來客奉茶的習慣。喫茶趣在二〇〇二年榮獲經濟部選入「創意生活產業案例」，其中兩個最重要的理由就是「延伸茶藝文化，創意發展現代之新茶文化」、「經由茶藝融入生活，創造富而好禮的優質生活」，應是對傳統產業的老企業轉型給予肯定吧？

陳良遠說「年輕、生活、休閒」是喫茶趣的宗旨，「精緻、現代」則是裝潢的特色。喫茶趣所推銷的茶文化屬於入門的階段。茶畢竟是中國人自己的東西，加強產品的多元化、豐富性、變化性，是喫茶趣必須持續努力的方向。

因此他說每一間喫茶趣都有不同的茶文化主題，例如台北市復興北路第一家旗艦

▼喫茶趣以茶入味的茶膳套餐強調天然、健康、人情味。

店的主題為「和平」；台北市衡陽路天仁茶文化大樓二樓的喫茶趣，則以「回甘」為主題，表現自唐代以降茶文化的演進與奧妙，以各個不同年代主題呈現茶的文化與精神；而物質生活充實的今天，正是享用各年代茶文化精華、感受回甘甜美滋味的年代。此外，天仁茗茶最早成立於高雄岡山，因此高雄「夢時代」店就以「茗源」為主題，除了飲水思源，也頗能符合陸羽《茶經》文首「南方有嘉木」的精神。

至於「喫茶趣Togo」則是以傳統與創新的精神，堅持使用最優質茶品，所自創的獨樹一幟的外帶茶飲、茶點，以及強調「以茶入味」的茶膳，讓消費者不只「喝」茶，而是一種生活的體驗，更能無負擔的品嚐茶的奧妙。

喫茶情報

紫金園
台北市大安區和平東路一段 185 號、02-23563385
文山璞坊
台北市文山區忠順街二段 102 號、
02-22346527/0988-165020
空寂雲門
台北市文山區指南路三段 38 巷 33 之 3 號、
0926-084772
光羽塩
台北市文山區指南路三段 38 巷 14 之 2 號、
02-29394050
大茶壺
台北市文山區指南路三段 38 巷 37 之 1 號、
02-29395615
紅木屋
台北市文山區指南路三段 38 巷 33 號、02-29399706
正大休閒茶坊
台北市文山區指南路三段 38 巷 33-5 號、
02-29384060
迺乾茶莊
台北市文山區指南路三段 38 巷 37 號、02-22343399
邀月
台北市文山區指南路三段 40 巷 6 號、02-29392025
映月
台北市文山區指南路三段 167 巷 8 號、02-29399099
醇心找茶
台北市文山區萬壽路 45 號、02-29385873
北投文物館
台北市北投區幽雅路 32 號、02-28912318
紀州庵
台北市中正區同安街 107 號、02-23687577
台北故事館
台北市中山區中山北路三段 181-1 號、02-25875565
西門紅樓
台北市萬華區成都路 10 號、02-23119380

台北都

三古手感坊
台北市大安區麗水街 16 號、02-23916588
耀紅
台北市大安區永康街 10 巷 10 號、02-23215119
串門子
台北市大安區麗水街 13 巷 9 號、02-23563767
回留茶館
台北市大安區永康街 31 巷 9 號、02-23926707
冶堂
台北市大安區永康街 31 巷 12 弄 5 號、02-23567841
罐子茶書館
台北市大安區麗水街 9 號、02-23216680
梅門飲居
台北市大安區麗水街 38 號、02-23216677
天養御茶
台北市大安區麗水街 18-2 號、02-23215869
e-2000
台北市大安區永康街 54 號、0936-078595
陶作坊台北永康形象概念店
台北市大安區永康街 6 巷 8 號、02-23957910
不二堂茶所在
台北市大安區麗水街 13 巷 8 號、02-23517965
陸羽茶藝中心
台北市中正區衡陽路 64 號 3 樓、02-23316636
竹里館
台北市松山區民生東路三段 113 巷 6 弄 15 號、
02-27171455
淡然有味
台北市萬華區成都路 4 號 5 樓、02-23111717
有記清源堂
台北市大同區重慶北路二段 64 巷 26 號、
02-25559164
茗心坊
台北市大安區信義路四段 1-17 號、02-27008676

桃園都

友竹居茶館
桃園市中壢區中大路 32 號、03-4271116
東坡老店
桃園市中壢區復興路 36 號、03-4264066
涵人文茶館
桃園市龍潭區民族路 333 號、03-4892655

新竹縣．苗栗縣

北埔食堂
新竹縣北埔鄉北埔街 4 號、03-5801156
寶記
新竹縣北埔鄉廟前街 14 號、
03-5802326/0960-612413
識茶
新竹縣北埔鄉廟前街 7 號、03-5804959
龍鳳饌
新竹縣峨眉鄉中盛村 298 號（台三線 83.5K）、
03-5809498
忘憂茶堂
新竹縣峨眉鄉中盛村 298-1 號（台三線 83.5K）、
0938-226899
陶布工房
苗栗縣三義鄉雙草湖 138 號
037-876870/0912-876870

台中都

道禾六藝文化館
台中市西區林森路 33 號、04-23759366
方圓廣舍
台中市清水區忠貞路 21 號台中市立港區藝術中心
清風樓 2 樓、0921-314085
耕讀園
台中市西屯區市政路 109 號、04-22518388

紫藤廬
台北市大安區新生南路三段 16 巷 1 號、
02-23637375
台北紅館
台北市中正區八德路一段 1 號華山 1914
文創園區內紅磚六合院西 4 棟、02-23222428

新北都

逸馨園
新北市板橋區南雅東路 45 號、02-29658080
廣雅草堂
新北市板橋區和平路 101 巷 21 號、02-29510811
山頂茗蘆
新北市新店區永福路 100 號、02-26663368
食養山房
新北市汐止區汐萬路三段 350 巷 7 號、02-26462266
宗慶屋
新北市汐止區福德二路 158 號、02-26933890
乾雅堂
新北市淡水區中正路 245 號、02-26295533
紫甌茶院
新北市鶯歌區文化路 375 號、02-86775932
九份山城創作坊
新北市瑞芳區基山街 193 號、02-24960340
阿妹茶樓
新北市瑞芳區市下巷 20 號、02-24960833
九戶茶館
新北市瑞芳區輕便路 300 號、02-24063388
戲夢人生
新北市瑞芳區豎崎路 13 號、02-24966639
九份茶坊
新北市瑞芳區基山街 142 號、02-24969056
水心月
新北市瑞芳區輕便路 308 號、02-24967767

高雄都

一蕊花
高雄市苓雅區和平一路 218 號大統百貨和平店 10 樓誠品書店內、0939-029911
陶普莊
高雄市三民區十全二路 245 號、0956-031901
福運
高雄市三民區大豐一路 439 之 2 號、07-3812188 / 0919-953800
台 A 茶
高雄市三民區九如二路 303 號、07-3131186
農家茶園
高雄市三民區黃興路 133 號、07-3869076
懷舊茶館
高雄市三民區覺民路 665 號、07-3866770
蟬蜓禪言
高雄市三民區民族一路 543 巷 37 號、07-3505202
采雲軒
高雄市苓雅區林泉街 22 巷 13 弄 8 號、07-7162818

屏東縣

清營巷
屏東縣屏東市清營巷 3 號、08-7663360
舊居草堂
屏東縣屏東市清營巷 4 號、08-7323698

大型連鎖茶飲

翰林茶館・翰林茶棧
客服專線 0800-245189
古典玫瑰園
客服專線 0800-891212
春水堂・秋山堂
客服專線 04-22592567
天仁喫茶趣
客服專線 0800-212542

無為草堂
台中市南屯區公益路二段 106 號、04-23296707
又見一炊煙
台中市新社區中興里中興嶺街一段 107 號、04-25823568
昭和茶屋
台中市龍井區藝術南街 3 巷 2 號、0912-366798
二月山家
台中市西屯區國際街 70-2 號、04-23598518
一藤井
台中市西區民生北路 72-1 號、04-23027272
德芳茶莊
台中市潭子區仁愛路二段 25 巷 12 號、04-25367827
悲歡歲月
台中市西區大全街 29 號、04-23711984

南投縣・嘉義縣市

湯園
南投縣埔里鎮福長路 180 巷 27 號、04-24737589
陶花源
嘉義縣竹崎鄉灣橋村 323-12 號、05-2793987
桃城茶樣子
嘉義市忠孝路 516 號、05-2280555

台南都

奉茶
台南市中西區公園路 8 號、06-2233115
十八卯
台南市中西區民權路二段 30 號、06-2211218
藝境
台南市東區東平路 50 號、06-2005757
集秀
台南市東區慶東街 113 號、0975-290381
寬韵
台南市安平區安平路 350-2 號、0918-918171

阿亮找茶

台灣喫茶

2015年1月初版
2016年5月初版第二刷

定價：新臺幣450元

著者	吳德亮
總編輯	胡金倫
總經理	羅國俊
發行人	林載爵

出版者	聯經出版事業股份有限公司
地址	台北市基隆路一段180號4樓
編輯部地址	台北市基隆路一段180號4樓
叢書主編電話	(02)87876242轉221
台北聯經書房	台北市新生南路三段94號
電話	(02)23620308
台中分公司	台中市北區崇德路一段198號
暨門市電話	(04)22312023
郵政劃撥帳戶第	0100559-3號
郵撥電話	(02)23620308
印刷者	文聯彩色製版印刷有限公司
總經銷	聯合發行股份有限公司
發行所	新北市新店區寶橋路235巷6弄6號2F
電話	(02)29178022

叢書主編	林芳瑜
編輯	林蔚儒
圖・攝影	吳德亮
整體設計	劉亭麟

行政院新聞局出版事業登記證局版臺業字第0130號

本書如有缺頁，破損，倒裝請寄回台北聯經書房更換。　ISBN 978-957-08-4516-7 (平裝)
聯經網址 http://www.linkingbooks.com.tw
電子信箱 e-mail:linking@udngroup.com

國家圖書館出版品預行編目資料

台灣喫茶／吳德亮著．攝影．
--初版．--臺北市：聯經，2015年1月
328面；15.5×22公分．(阿亮找茶)
ISBN 978-957-08-4516-7（平裝）
[2016年5月初版第二刷]

1.茶葉 2.茶藝館 3.台灣

481.6 103027883